知识生产的原创基地
BASE FOR ORIGINAL CREATIVE CONTENT

颉腾商业
JIE TENG BUSINESS

NAPOLEON HILL'S
MASTER COURSE
THE ORIGINAL SCIENCE
OF SUCCESS

成功法则

大师的人生哲学课

[美] 拿破仑·希尔 著

张大川 曲云英 译

SPM
南方出版传媒
广东经济出版社
·广州·

Title: Napoleon Hill's Master Course: The Original Science of Success

Original English language edition published by G&D Media © 2020 by Napoleon Hill. Simplified Chinese Characters language edition Copyright © 2021 by Beijing Jie Teng Culture Media Co., Ltd. All rights reserved.

Copyright licensed by Waterside Productions, Inc., arranged with Andrew Nurnberg Associates International Limited.

图书在版编目（CIP）数据

成功法则：大师的人生哲学课/（美）拿破仑·希尔著；张大川，曲云英译. —广州：广东经济出版社，2022.2
书名原文：Napoleon Hill's Master Course: The Original Science of Success
ISBN 978-7-5454-8107-5

Ⅰ.①成… Ⅱ.①拿… ②张… ③曲… Ⅲ.①人生哲学–通俗读物 Ⅳ.① B821-49

中国版本图书馆 CIP 数据核字 (2021) 第 266562 号

版权登记号： 19-2021-270 号

策 划 人	颉腾文化	封面设计	Colin
责任编辑	冯颖　王春蕊	营销编辑	陈潇　吴泽莹

成功法则：大师的人生哲学课
CHENGGONG FAZE：DASHI DE RENSHENG ZHEXUEKE

出 版 人	李　鹏
出版发行	广东经济出版社（广州市环市东路水荫路 11 号 11 ～ 12 楼）
经　　销	全国新华书店
印　　刷	文畅阁印刷有限公司（河北省高碑店市合作路西 1 号绿色印刷园区）
开　　本	880 毫米 × 1230 毫米 1/32
印　　张	11.25
字　　数	256 千字
版　　次	2022 年 2 月第 1 版
印　　次	2022 年 2 月第 1 次
书　　号	ISBN 978-7-5454-8107-5
定　　价	79.00 元

图书营销中心地址：广州市环市东路水荫路11号11楼
电话：（020）87393530　邮政编码：510075
如发现印装质量问题，影响阅读，请与本社联系
广东经济出版社常年法律顾问：胡志海律师
·版权所有　翻印必究·

1954年5月，拿破仑·希尔在芝加哥开设师资培训班——"大师课"，对培训学员传授其哲学理念。本书根据他讲课的录音文稿整理而成。

CONTENTS
目录

第一章
主目标明确 / 001

第二章
主目标原则的应用 / 023

第三章
集智 / 041

第四章
实践信念 / 059

第五章
额外付出 / 071

第六章
好性格 / 099

第七章
领导力和主动性 / 119

第八章
积极的心态 / 147

第九章
自律 / 167

第十章
培养热情 / 199

第十一章
精确思考 / 213

第十二章
专注 / 243

第十三章
从逆境中学习 / 261

第十四章
创造性想象与想象力 / 289

第十五章
保持健康 / 311

第十六章
宇宙习惯力 / 325

第十七章
规划时间和钱 / 345

01
第一章

主目标明确

这套哲学有七个前提。

前提一

目标明确是一切个人成就的开端。明确的目标必须有明确的执行计划，还要采取恰当的行动。目标要有，计划要有，还要将计划付诸实践。至于计划是否万全，并不是特别重要；如果发现计划不够完善，可以随时修正。但明确自己追求什么，目标是什么，却是非常重要的，不能有什么"如果""但是"之类。大家不用等到学完这一课就会明白，为什么目标一定要明确。

单纯了解这套哲学理念，读上一遍，或者听我讲几句，对大家不会有太大的价值。从这套哲学里摸索出来自己的模式，并将它运用到日常生活、工作和人际交往中，它的价值、好处才会真正显现出来。

前提二

　　一切个人成就都是一种或者几种动机带来的结果。一个人动机不足，你就无法要求他去做事。

　　顺便说一句，这也是一切推销术的根本精髓所在——有能力在潜在买家的头脑里植入一个充分的购买动机。

　　基本动机有9种。人做什么或者不愿做什么，都可以用这9种动机概括。学会和人打交道，就是要在他们的头脑中植入充分的动机，让他们照你的意思去做。

　　很多人虽自称推销员，却从来没听说过这9种基本动机。他们不知道，不能在买家心里植入购买动机，如何能做成生意。这9种基本动机是：

　　（1）自我保护；

　　（2）经济收益；

　　（3）爱；

　　（4）性；

　　（5）名与权；

　　（6）恐惧；

　　（7）复仇；

　　（8）身心自由；

　　（9）创造的渴望。

前提三

任何想法、计划或目标，经过反复思虑，情感酝酿，就会在头脑中占据主导地位，如果实现的愿望又很强烈，那么，这个想法、计划或目标就会被头脑的潜意识接收，最终通过各种各样自然的、合乎逻辑的手段付诸实践。

你听了这段话，就算是学过心理学上很重要的一课。你要想让头脑接收一种意念、形成一个习惯，头脑能自动按照意念去运作，那就要反反复复告诉它你想要什么。

几年前，法国的埃米尔·库埃先生（Émile Coué）[①]来这儿，用他那句著名的口号"每一天，我要在各方面越变越好"治愈了几千人，不过，他治愈的人也就那么多了，再无长进，大家知道是什么原因吗？因为那个口号没有灌注欲念，没有投入情感。一个人说话，倘若没有情感投入，就跟吐口烟、吹口气差不多。

这么说吧，一件事你跟自己说多了，你慢慢就会相信它，哪怕是一句谎话。这个挺奇怪吧？但事实就是这样。常有人爱撒一些无伤大雅的小谎（有时也不是一点伤害都没有），最后连自己都信以为真。

潜意识分辨不出对错，弄不清是积极还是消极，搞不清楚1分钱和100万美元有何不同，也无法判断成与败有什么差异。但是，它一定会接受人通过思想、语言等方式不断重复的话语。

首先，你要把明确的目标摆出来、写出来，理解它、记住它，

[①] 法国心理学家。他首次提出心理暗示和自我暗示，被称为"心理暗示之父"。——译者注

而后开始天天一遍遍念叨它，直到潜意识接收了它，自动按照目标行动。

这个过程是需要一点时间的，不要指望自己之前的所作所为一夜间化为乌有。潜意识会出现反复，让消极思想掺杂其中，所以，别指望一夜之间它就能变过来。不过，你会发现，你要是对发送给潜意识的计划赋予了情感，怀着一腔热忱念叨它，用信念支撑它，潜意识会加快响应，行动起来也更坚定、更积极。

前提四

凡是主导性的欲念、计划或者目标，只要有叫作信念的心态做支撑，都会被大脑的潜意识接收，随即照此行动。只有有了这种心态，才能通过潜意识随即采取行动。我所说的信念，并不是指有愿望、怀有希望，或者有点相信，我说的是一种心理状态，人在这种心态下，要做的事情甚至还没开始做，他就已经能够看到结果是什么样了。这种心态很积极，对吧？

老实说，我这一辈子，只要下决心做一件事，就一定要做到；除非我对这事漫不经心，或者打退堂鼓，或者改了主意、变了心。我跟大家讲，你能够达到凡事只要下决心去做就一定能做成这样一种心境，除非你弄着弄着，心气弱了。很多人就是这样。

再说一遍：凡是主导性的欲念、计划或者目标，只要有叫作信念的心态做支撑，都会被大脑的潜意识接收，随即照此行动。

我感觉，真正理解信念原则、懂得如何运用它的人不多。道理是明白了，如果没有行动做支撑，不能把它变成一种习惯，那还不算真的明白，因为没有作为的信念是僵死的，没有行动的信念是僵死的，没有绝对、积极的相信，信念是死的。没有行动来支撑信念，又如何因信而果？我不知道。

这么说吧，你要是经常告诉头脑你对什么事抱定了信念，总有一天，潜意识会接受这个信念，即便你是对头脑说你相信自己，说得多了，潜意识也会接受。绝对相信自己，你想做的事你可以毫不犹豫地去做，这岂不是妙事？！这样做会给你带来哪些好处，你可曾想过？

很多人自始至终妄自菲薄，只因为没有足够的信心，更不用说信念。这类人几乎占到人群的98%。他们一辈子没有培养出充分的自信心，不敢去做一生想做的事，而是听凭命运的安排。

我这辈子，生活上也好，其他方面也好，不想要的东西我从不接受。很多东西堆到我面前，我不喜欢、感觉不好的，一律不接受，不会与之接触。

我知道很多很了不起的人物，如已故的"圣雄"甘地就很好地运用了这套哲学。他深谙信念诸原则，他不但明白，还用它解放了印度。

学习依靠自己，运用自己的头脑，是一件妙事。大自然运行的方式很神奇吧？它给了你一套工具，给了你所需的全部，让你获得这个世界上你可以使用或渴望拥有的一切。它给了你一套工具，足以满足你的全部需要。你领受了工具，大自然还给予你丰厚的奖励。你要做的就是领受、使用这些工具。

如若不接受、不利用大自然的馈赠，大自然就会惩罚你，罚得你惨不忍睹。大自然厌恶虚空懒散，它希望一切事物动起来，尤其希望人的头脑动起来。头脑和身体的其他器官没什么不同，不用则废，最后让你沦落到谁都可以把你推来搡去的地步。很多时候，你甚至连抗拒、抗争的心力都没有了。

前提五

思维力是人可以完全地、毋庸置疑地控制的唯一的东西。这是一个惊人的事实，它意味着人的头脑和无限智慧有密切联系。

整个宇宙只有五种已知的东西，大自然正是利用这五种东西塑造了一切存在物，小到物质的电子、质子，大到天外飘浮的巨石，这其中也包括你和我。就这五种东西——时间、空间、物质、能量，以及第五种东西。前四种都有了，倘若缺了第五种东西，也无济于事，一切归于混沌。没有第五种东西，我们大家就不存在了。

这第五种东西就是宇宙智慧。它体现于每一片草叶、地里生长的万物、所有的电子和质子，体现于时间与空间。世间万物皆包含智慧，无时无刻不在起作用。智慧渗透整个宇宙——空间、时间、物质、能量，一切的一切。

最成功的人正是找到了方法和途径，通过大脑最大限度地获取宇宙智慧并将其用于实际的人。每个人均有权利按自己的意愿将宇宙智慧尽量多地占为己用。只有用它才能占有它。只是认识到它、相信它的存在是不够的，必须使用它，达到目的。

我相信奇迹。50年前我看到过很多奇迹，现在我能毫不费力地予以解释：奇迹不再是什么奇迹。说到底，奇迹是不存在的，因为有果必有因。没有找到原因时,我们往往会把惊人的结果称作"奇迹"。

依我看,最伟大的奇迹还是人的头脑。哪怕是最卑微的人,他的头脑也能够抵达令人难以置信的、超越想象的地方。想想托马斯·爱迪生、亨利·福特,他们没有受过教育,却创造了辉煌的事业:爱迪生先生开创了伟大的电气时代,福特先生开启了伟大的汽车时代。他们如果没有利用自己的头脑,又怎能做到这一点呢?

我得以完成此等大事,恰恰不是因为我受教育的水平高,我受的教育很少。也不是因为我有经济后盾,我没有。卡内基先生拒绝资助我,不过,这算是我人生碰到的一件幸事,虽然当时我并不这么认为。

老实说,这事真的是太奇妙了,连我和生意伙伴克莱门特·斯通(W. Clement Stone)先生出去做讲座时,都不得不把过程的细节遮遮掩掩。如果全讲出来,别人听了会觉得不可思议,不太可能,不了解我底细的人肯定不相信。有时候,连我自己都不大相信。

我一开始就遇到了一个很大的坎,属于前一段历史的遗留,也是我走到那一步肯定要遇见的。面对这种情况,我运用自己的头脑,通过一连串操作,得以走近、发现、考察我们国家 500 位最睿智的人,提取其毕生努力所取得成就的精髓。我将这精髓打造成形,哪怕最卑微的人也能理解、接受,也能加以应用,为自己谋幸福。

这一切都归因于人类头脑的神奇力量,但这种力量,你若不认识、不接受、不使用,它就不会为你带来任何益处。这套哲理的主要任务就是交给你一种模式、一幅蓝图,你可以按此掌握自己的头脑,将它用起来。你只要依照蓝图行动就可以了,不宜按个人好恶挑肥拣瘦,要照单全收。

前不久,我遇见一个人,他赚了不少钱。只用几年时间就赚了钱,而且是正大光明赚来的。他说:"拿破仑·希尔,我想跟你说一件事,你可能想不到。我弄到了一本你写的书,跟我老婆一起读了。她嗤之以鼻,不接受。我没她聪明,但我接受了,于是我赚了大钱。"

你会发现,有些人比你聪明多了,什么答案他们都知道,他们不大愿意接受这套哲学,感觉没什么用。这类人你以后肯定会遇到,不过,别太受他们影响。

这套哲学并不是谁都认可、谁都接受的。为此,我也曾惴惴不安过。几年前,我被人教了一课,这一课让我受益匪浅,比之前经历的事给我的教益都大。当时我骂一个学生忘恩负义,一个比我年长很多的人说:"听我说,拿破仑·希尔,大约 1900 年前,一位贤者来到这个世界,他有一套生活哲学,极为精妙。说来你也许不信,他也没有做到让百分之百的人追随他。你可比他强多了。他只有 12 个弟子,其中还有一个嫌恶他。你有几个人不待见你,有什么关系?凭什么就认定有些人不该不待见你?他们不待见你,那是他们的不幸,不是你的不幸。记住这一点。"

不要因为别人不信而受干扰,你不能指望所有人都信。倘若这套哲理所有人一学就信,那肯定是乌托邦。氢弹你不怕,别的炸弹你也不怕。

前提六

　　潜意识好像是接入无限智慧的唯一通道。请各位品味一下这句话：我说的是"好像是"，因为我不知道是不是。我感觉你也未必知道，也许没有人能确切地知道。很多人对此各有各的看法，不过，我从数千次实验得到的最佳观察结果看，这一点似乎是真的：头脑的潜意识是个体接触无限智慧的唯一门径；个人可以运用本次课及后面的课介绍的方法、手段，对潜意识施加影响。

　　接入无限智慧的前提条件是建立在目标明确基础上的信念。这句话是解读前一段话的关键。信念是以目标明确为条件的。知道为什么自己该有的信心却没有吗？你是否专门思考过这个问题？有没有停下想一想，为什么眼看着机会来了，或者你认为是一个好机会的时候，你却开始怀疑自己有没有能力抓住它、利用它？这种情况是不是在你身上多次发生过？

　　假如你有机会和非常成功的人士密切接触，你就会知道，他们是不会被这种情况搅扰的。他们要是想做某件事，就绝不去想做不了。

　　我希望各位学员在和拿破仑·希尔合作社来往期间，深入了解一下我的业务好搭档斯通先生。在我见过的人里，如果说有哪一位知道自己头脑的力量，并且乐于倚仗头脑，那么这个人就是斯通先生。其实，他也影响了我。我感觉我的补给已经很充足了，不过，我告诉大家，我也可以随时找斯通先生，让他给我这电池组充充电。有幸和一个完全自控的人在一起是一件美事啊，一切均在他的掌控之中。我觉得斯通先生没有一点儿烦恼。我相信他容不了烦恼。为什么？因为他相信自己能够运用头脑的能力，让头脑创设出他想创设的环境、条件。这是任何一个成功的头脑运作的状态。等你学完了这门哲学课，你的头脑也会是这个状态。届时，你就能把心思投入到你选择的任何目标，头脑里永远不会有"我想做的事我能不能做"的问题。没有问题。

前提七

每一个头脑都有一台接收机和一个广播站，用来接收、发送意念波。这个事实说明，揣着明确目标行动而非漫无目的地游走是很重要的，因为目标的本质一旦浸透了大脑，大脑就会吸引来与目标等价的实在物。

我希望大家回看一下刚才这段话，做个分析，反反复复多读几遍，把它送进你的意识。这一套无线广播收发装置是装在人的头脑中的。它不只装在人的头脑中，还存在于很多动物的头脑中。我养了几只博美犬，我心里想什么，它们清楚得很，有时我还没意识到，它们就已经知道了。它们很聪明，能和我的意念对上点。我们要开车旅行，它们知道是不是要跟着去，你不用说一个字，因为它们通过心灵感应，不断调谐校准，接收信息。

你的头脑一直在发出振波。你要是一位推销员，去走访一位潜在买主，应该是未见其人，先做成生意。这一点大家是否想过？你做一件事，需要和别人合作，那就先把自己的思想做一番调整，相信对方肯定会合作。

为什么？因为，首先，你提的方案合理、实在，对他有利，他不可能拒绝。也就是说，你有权利得到他的合作。你借你的广播发射装置播发积极的意念，而不是担心、畏惧的思虑，对方就会有变化，变化之大，出乎你意料！

你要想具体见识一下这个无线广播发射装置是如何工作的，你就设想自己急需 1000 美元，必须在后天之前拿到，否则有人要收走你的汽车、家具。你必须有这 1000 美元。于是，你跑到银行，前脚一踏进门，银行工作人员便能看出来你急着要钱，但他不想让你拿到钱。

这好笑吗？不好笑，有点悲剧。你衣兜里揣着火柴转悠，最后把自家房子点了。你播发意念，意念就先你一步。等你到了地方，知道得不到自己想要的合作，感觉对方满心疑虑，其实那疑虑正是你先前播发出来的。

我教过推销术。有很长一段时间，我一边研究这套哲学思想，一边靠传授推销技巧挣钱吃饭。我教了 3 万多名推销员，不少人现在已经是人寿险行业"百万圆桌俱乐部"的会员。如果这世上有一种东西得靠推销，那就是人寿保险。没人主动买人寿险，这东西必须靠推销。听我课的人，我教他们的第一条是：想把东西卖给别人，首先要卖给自己。不这样，就做不成生意，就卖不出去东西。有人也许会从你那买东西，但是，你不先卖给自己，你是做不了销售的。

还有一点，我请各位注意：有时候感觉心情不好，有点忧郁，自己也不知道哪儿出了问题。有过这种感觉吧？

我现在没有了。心情不好时，就审视一下自己，找出原因。你知道吗？你一直在接收情绪有些低落的人释放的信息波，他们的世界正值一片混乱。有人希望彻底毁灭人类，祈愿有一天飞来几颗氢弹，把一座座城市毁掉。如果全世界数以百万的人期待、盼望、祈祷毁灭，你感觉会怎样？为什么会这样？因为在劫难逃，命该如此。

这个世界需要一次重生，使人们认识到头脑的力量和高贵，进而将心思放在有建设性的而非破坏性的事情上。每一个头脑都有一个广播站、一台接收机。

多年前，我的事业刚起步，我在哈佛商学院做了一个系列讲座。我告诉学生们，我在亚历山大·贝尔（Alexander Graham Bell）博士和埃尔默·盖茨（Elmer R. Gates）博士手下工作，有一些观察所得：我认为能媒[①]一直在传递着我们人耳解析不了的声音，人的头脑一直在接收别的头脑传送的意念，同时也在不断释放意念，而其他头脑也在不停地接收别人的意念。

还没等我深入讲解，只听满教室都是脚刮地板声。我看见学生们咧着嘴笑，紧接着是一阵狂笑。他们把我开了。

我现在可以再回哈佛，再给那帮男女学生讲课。我可以先跟他们道个歉，我是不得不争着说话，因为教室里有那么多杂音，像多支管弦乐队齐鸣——有唱歌的，有玩的，有和我抢话的——他们能否耐心地听我讲下去，不要去关注别人？他们一定会听我说，不会有脚刮地的声音了。此时我说这些话，肯定不会有人发笑了，因为他们知道我所言不虚。

这间屋子里有各种各样的噪声，多极了。能媒就是承载这

[①] 能媒，又称"以太"（ether），古希腊哲学家亚里士多德所设想的一种物质，是物理学史上一种假想的物质观念，其内涵随物理学发展而演变。

些噪声的介质，你的意念是靠能媒从你的头脑传递给另一个人的头脑的。你可以跟对方达成深度默契，这样靠心灵感应就能沟通。

若知道这个不是真的，我是不会说这话的。我怎么知道是真的？因为我亲身经历过。若干年前的一天，我在纽约的中央公园散步。那儿当时最少也有三四千人吧。我太太想让我去哥伦比亚广播电台，跟他们谈一个项目，下午 1 点钟赶过去参加一个重要会议。她凭意念呼叫我并和我通话，我接着了。我没回家，直接去了哥伦比亚广播电台。到那儿刚赶上，基本是踩着点，还剩最后一分钟。要是我让她寄信告诉我消息，那就不太好说了。

几年前，我在新泽西州的扶轮社开讲座。讲座结束后，好些人围拢过来，大家坐下闲聊。聊了一个半小时，我突然说："抱歉了各位，我得接个电话，是我老婆找我。"我走到电话旁接听。她说："你迟到了。"

我回来跟他们说："不好意思各位，我迟到了，我老婆焦急，她想知道是不是出了岔子。"

大家问："您怎么知道是您太太打的电话？"

"哦，这是国家机密。"我回答。我没跟他们解释，怕他们把我的精彩讲座看低了。我想，还是不说太多为好。

不过对各位同学，我可以坦言相告，我把你们当知己，我可以把我的一些课外经历分享给你们。毋庸置疑，我的这些经历说明，人的头脑既是一个广播站，也是一台接收机，你可以调节频率，让它只接收别人释放的积极信号。这是要点。你可以训练自己的头脑，从飘荡在宇宙间的无数意念振波中捡拾和你最想要的东西有关联的。

怎样做到这一点呢？办法是把心思贯注到一生中最想得到的东西上，也就是你的人生主目标上；通过重复、思考、行动，直到最后，头脑不再接收和主目标无关的任何东西。你可以训练头脑，让它彻底拒绝接收任何与你想要的东西无关的信号。等你能这样掌控自己的头脑后，你就上了道，实实在在地走上了正途。

目标明确的好处

现在谈谈目标明确的好处。我这辈子建议别人做任何事情，都会先拿出充分的理由。我是说要在对方的头脑里植入动机；不只你要这么做，我也是一样的。对于为什么要一丝不苟地照本课所讲的去做，我可以把充分的理由告诉你。

首先，目标明确了，自我能力、个人能动性、想象力、热情、自律、专注会自然生成，所有这些品质都是成就伟业大功的先决条件。形成明确的目标，其实是有一连串事情要做的，例如，知道自己想要什么，为实现目标制订计划，把自己的主要心思放在计划的执行上。

如果必须按计划执行，除非你不是凡人，否则基本可以肯定你的一些计划是行不通的。当你意识到计划行不通时，要立即放弃，再换一个，直至找到可行的计划。在这个过程中，只要记住一点：也许天赋异禀的无限智慧会送给你一个比你的计划更好的计划。

要有开放的心态。在实现主要目标或次要目标时，如果采用的计划成效不佳，那就放弃它，向无限智慧寻求指引。这种指引，你是可以得到的。

怎样做能确保获得指引呢？怎样能相信自己一定会得到呢？你可以相信自己会得到。不妨把"你相信"这话说出来，没什么坏处。我觉得你饱含热情地说出自己的思虑，也不会有什么损害；我甚至确信，把你的潜意识唤醒没坏处。

我写《思考致富》（*Think and Grow Rich*）时，一开始定的书名是《十三步致富经》，我和出版商都觉得这个书名火不了。我们得想一个价值百万的书名才行。

出版商天天催，让我把想好的书名交给他。我写了五六百个书名，但没一个好的。过后有一天，出版商把我吓坏了。他打电话对我说："明天上午，我一定得拿到书名，如果你想不出来，我这儿有一个，特别棒。"

"什么书名？"我问。

"就叫它'动动脑袋瓜，能把大财发'。"

"天哪！"我说，"你要毁了我吗？这是本正经书，用这等俗滥的书名！你这是人书俱毁的节奏啊。"

"毁不毁我管不了，就用这个了，除非你明天上午想一个更好的给我。"

我想让各位注意下面这段情节，这可是脑补的好材料。当晚，我坐在床边，和潜意识做了一次谈话。我说："听着，你这老木头桩子，跟我一路走过来，为我做了很多事，念我无知，也对我做过一些事。我今天必须想出一个价值百万美元的书名，今晚就得拿出来，你懂吗？"

我说话声音太大了，楼上的邻居开始敲地板。我不怪他，他大概以为我在跟我老婆吵架。我想要的是什么，我清清楚楚地告诉了潜意识，不让它存半点疑惑。不过，我没告诉它具体要什么样的书名，只说书名一定要价值百万美元。

我一再向潜意识提出要求，直到我抵达那个心理时刻。知道我想要的东西快来了之后，我才躺下睡觉。如果没有抵达那个心理时刻，我会一直坐在床边，和潜意识沟通交流。有一种心理时刻——你能感觉得到——是信念的力量把你想做的事情接了过去，对你说："好了，你可以放松了，就这么着。"

我上床睡觉了。凌晨两点左右我醒了，好像有人在使劲晃我。睡意退尽，"思考致富"已然飘入脑际。哇啊！我发出了印第安人的欢呼，一跃到打字机前，把书名写了下来。

我抓起电话，打给出版商。"怎么了？"他问，"城里着火了吗？"那时大概是凌晨两点半。

"没错。"我说，"你说对了，价值百万美元的书名有了。"

"说说看。"他说。

"思考致富。"

"好啊，你搞出来了！"他说。

是的，我们搞成了。现在，这本书已经在美国卖了2300万美元，在我去世之前很可能卖出1亿多美元，而且不会就此打住。这书名真的是价值百万美元啊……不对，是价值千万美元。

我对潜意识来了一番猛烈的思想攻势之后，它回过神，拿出了极佳表现。对此我并不觉得意外。此法为什么一开始不用呢？这岂不是很可笑吗？我知道法则呀。为什么在那儿瞎转悠，耽误工夫呢？干吗不直奔源头、调动潜意识，非要坐在打字机前，先写出五六百个书名呢？

我告诉你为什么。出于同样的原因，你也经常是知道该做什么，但就是不做。人为什么对自己淡漠，解释不了。你明明知道定律、法则，知道症结在哪儿，你还在那儿瞎转悠，耗到最后一刻才临渴掘井。

这很像做祷告——不到急需时就糊弄，到需要时又吓得手足无措。做祷告，当然不会得到什么结果。要想让祷告有结果，你需要调整思想，把生活当作一场祷告，日以继夜，夜以继日，生命的每时每刻都在祷告，祷告是出于你对自尊的信念，祷告是接入无限智慧，获得你在这世上需要的东西。等急需时再祷告，就像是家中有丧事，才去找殡仪馆和墓园看守。信不信，他们一定叫你脱层皮，因为你在悲伤之际，没什么抗拒能力。你所遭遇的事情是因为你没有提前做好准备，与他人无关。

人的头脑也是如此。每天的生活，你要不断调整心态，这样在遇到紧急状况时，才能做到有备无患，从容应对。

目标明确了，也促使人做时间预算，规划日常活动，从而实现主要目标。你要是愿意沉下心来，把一周每一天的实际工作量按小时写出来，再把浪费的时间按小时写下来，你会非常震惊的。

不久前，有人对我说："拿破仑·希尔，你真是一个大忙人啊，总是到处飞来飞去，写书、做讲座，还帮助斯通先生打理生意。你一定很勤奋吧？"

我的脸直发热。知道我为什么会脸发热吗？因为至少一半时间被我浪费掉了。要是有别的我特别想做的事，我每天可以另外投入5个小时去做它。连我都做得这么差，你觉得你能好到哪儿去呢？

别生气啊，我只是想给你浇点冷水，提请各位注意这样一个事实：我们都在浪费时间，且效率不高。我们一天大概有8小时睡觉，8小时讨生计，还有8小时自由时间可以自主支配。这8小时自主支配的时间就是机遇期，你可以利用它调整思想，做想做的事。

有了明确的目标，还能让人在识别与主目标有关联的机会时提高敏锐度。它还会激发人抓住机遇、借机作为的勇气。我们几乎每天都能看见机会，倘若能抓住它，趁势行动，就能从中受益。但人有一种毛病叫"拖延症"。机会来时，我们没有意愿，不敏锐，没决心去抓住它。而如果你用这套哲学理念去调整思想，不仅能抓住机会，还会做得更出色。

比抓住机会更出色的是什么？是创造机会。有一天，拿破仑（另一个拿破仑）手下的一位将军来找他，他们准备第二天早上发动进攻。这位将军说："大人，明天的条件不适合进攻啊。"

拿破仑回答："不适合？扯淡，我创造条件。进攻。"

据我所知，不管哪个行业，但凡成功者都是在别人说不能干的时候高喊"冲，冲"。

那就从脚下开始吧。你走到道路的拐弯处，会发现路还在延续。冲吧！不要拖延！不要止步不前！向前冲吧！

目标明确常激发对个人品性的信心，获得别人的青睐。大家有没有想过这一点？我觉得，世间之人都喜欢看一个人昂首阔步的样子。他未必胸脯挺得老高。他对这个世界说他知道自己在干什么，他很快要去干什么。你决意要走过去，道上的行人就会给你让路，你不用冲他们打呼哨、大呼小叫。你只需坚定地将自己的意志预先传达到，他们会自动靠边，让你通过。

世界就是这样。很多人惰性太强，任人摆布。我告诉大家，知道自己想要什么的人，多有推搡摆布的行径，特别是对挡他的道、妨碍他的人。知道自己要到哪里去并决意到达那里的人，总会找到愿意合作的帮手。

目标明确的最大好处：能够塑造积极的心态，消除恐惧、疑虑、消沉、犹豫不决和拖延等束缚，解放思想，为充分践行信念铺就道路。

你选择了某事，相信它就是自己想要的，你要去做，这时候，一切曾经困扰你的消极因素会卷铺盖离开，自动腾地方，因为积极的心境让它们没有容身之所。

你能想象一个人同时兼有消极和积极两种心境吗？不能想象吧，因为这个实现不了。哪怕有一丁点儿的消极心态，就足以抵消祈祷的力量；哪怕有一丁点儿的消极心态，就足以让你的计划泡汤。执行主目标明确原则时，一定得有勇气，有信念，意志要坚定。

还有，目标明确让人有成功意识。知道我说的成功意识是指什么吗？如果我说目标明确让一个人有健康意识，你明白我指什么吗？也就是说这个人所思所虑主要是健康。成功意识即是说所思所虑主要是成功——想生活中能做的事，不去想做不到的事。你可能不知道，一生碌碌无为的人其人生98%的时间净想着做不了的事。不管他们碰到什么境遇、什么条件，他们首先关注的是做不了的事，关注消极方面。

当年，卡内基先生出乎意料地提出让我把这套哲学思想整理出来，我永远也忘不了我当时的想法和举动。我想把我能想到的所有做不了的理由告诉他，一个接一个理由即刻跳入我的脑海。我受教育不够，没钱，没影响力，不懂"哲学"是什么意思。我嘴上想对卡内基先生说，感谢他高看我，但是心里犯疑：都说卡内基先生看人有眼力，他挑我做这事是不是看走眼了？我心里是这么想的，但有一位沉默者就站在我背后，他说："接下来，跟他说你能做。说啊！"

我说："行啊，卡内基先生，这事我接了，您放心，我一定完成。"

卡内基先生一把抓住我的手说："这话我爱听，你说话的那股劲儿我也喜欢。我等的就是这个。"

他看到了，我心中信念似火，笃信我能完成。尽管除了有创立这套哲学思想的决心之外，我手头没有一点启动资本。

如果我稍有动摇，如果我说："好的，卡内基先生，我尽力而为。"我敢说，他会很快把机会收走，他会批评我不够坚决。

但我的回答是："行啊，卡内基先生，这事我接了，您放心，我一定完成。"于是，大家现在坐在这里听我的课，知道卡内基先生没选错人。

他在干什么，他是清楚的。他在人的思想中，包括在我的思想中找到了他多年来一直在找的东西。真的找到了。我当时并不知道它的价值，后来才知道。我希望大家也能认识到它的价值，因为各位的头脑中也存在这样东西，知道自己想要什么并决心得到它，即便不知道从哪儿下手。

不妨想一想居里夫人发现镭的过程。一开始她只是知道理论上宇宙中应该有镭存在。大海捞针，对吧？应该是宇宙捞针。她手头只有一个理论。她坚信这个理论，于是她提炼出了世界上第一份镭。人的头脑能有此等创举，是不是很奇妙？

和这样的成就一比，你那些小抵触、小问题不算什么，什么都不是。大家每天的烦心事，和居里夫人发现镭、爱迪生研制白炽灯泡、福特造第一辆汽车时遇到的麻烦相比，根本不算什么。这些伟人之所以功成名就，就是因为他们有强大的信念，有明确的目标。

是什么造就了卓越？卓越就是能够认识到自身头脑的力量，相信它、运用它，是这种能力成就了卓越。在我的守则里，每个人只要经过认识自己的头脑，相信它、利用它的这个简单过程，就能真正地成为卓越不凡的人。

02

第二章

主目标原则的应用

下面是应用"明确的主目标"这一原则的操作说明：要按操作说明一条条执行，任何一条都不要忽略。

写一份目标陈述

首先，把你的主目标写出来，签上名字，牢记在心，每天至少祷念一遍，或者当誓词重复一遍，随你怎么做吧。你会看到这样做的好处：它坚定你的信念。

经验告诉我，把主目标写出来是学习活动的薄弱点。学生读一遍，会很简单，理解不是问题，何必费事写出来呢？一定要写出来，一定要亲自动手把思想呈现在纸上，还要牢记于心，向自己的潜意识灌输它，让潜意识深入了解你想要的东西。记得我前边跟大家讲过一次经历：为了取一个价值百万美元的书名，我是怎么做的，大家不妨想一想。

要让潜意识明白从今往后你说了算。可是，你要是都不知道自己要什么，你的目标都含含糊糊，不清楚要什么，就别指望潜意识什么的来帮你了。在生活中，人十有八九不知道自己想要什么，所以什么也得不到。生活给什么，他们就接受什么，对此无可奈何。

除了有明确的主目标外，你还可以有小点的目标，多少都可以，只要它们和你的主目标相关，和主目标的方向一致就行。一个人要倾其一生为实现人生的主目标奋斗。

顺便说一句，你追求想要的东西时，可以谨慎一点，但不要过于谨慎了。确定自己有权得到的东西，就要伸手去拿、去要。不过，在拿和要的过程中，一定别忘了我接下来要讲解的这些要求。

其次，把你为了实现目标准备遵循的方案、计划的提纲写出来，要写得清晰明确，再写上你打算最多用多少时间来实现它。要准确、详细地写出来为实现目标，你准备付出什么。要让计划有足够的灵活性，以便你受启发而有所觉悟时能够改动。记住，无限智慧有可能把更好的计划送给你，如果你对自己想要的东西很明确，这种情况常会出现。

你有没有体验过一种直觉，自己无法描述又无法解释？什么是直觉？就是你的潜意识要把一个想法传递给你。很多时候，你太淡漠、太无感了，片刻都不给潜意识，不让它讲话。我听有人说"我今天有个很蠢的想法"，你若是听从了这个想法，照着做，这个很蠢的念头说不定就价值百万美元了。我是很看重直觉意念的，因为身心之外肯定还有某个事物在试图跟你交流。跳上心头的直觉，我非常重视，它们总是不断来找我。我发现，这些直觉全都和我心里盘算的事有关系,和我想做的事、目前正在做的事有关联。

计划的提纲要写清楚,还要说明你打算最多用多少时间实现计划。把握时间是非常重要的。主目标不能写成如"我打算成为世上最棒的推销员""我想成为本单位最好的员工""我打算赚大钱",这些都不明确。不论你的人生大目标是什么,一定要把它写清楚,定好完成的时限,例如"我打算在多少年内实现什么……",接着进行具体描述。

然后另起一段,写"我打算付出什么什么,换得我想要的东西",而后做具体描述。

你这辈子想要什么,你都要以付出来换取。具体付出什么,你知不知道?我这一生想要的东西,我以付出去换取;大家知道我付出什么去换取吗?好在我想要的现在都有了。而且很充裕。昨天我得到的,不是我想要的,我就不接受。我有点伤风。好在有"健康王子"忙活了一阵,把伤风搞定了(关于"健康王子",我后面再详说)。

你当了这套哲学的专家级讲师之后,要努力充实、丰富受教者的思想。这就是你要付出的。要换取自己想要的东西,还有什么付出比这更好呢?我追求自己想要的东西,心里不会有一点负疚感;我认为我付出了服务,有权利得到我想要的。希望大家也有同感。

不过,千万不要像很多人那样,盼着明年能赚100万美元,又不必太费气力。可别这样啊,要甘愿付出,还要付出在先。

顺带说一句,即便这个课程你还没学完,你要是愿意召集三两朋友,把听过的课教给他们,也是非常好的一件事。就拿今晚这次课来说吧，我敢说，你们每个人都能做一次很好的尝试，将本课内容传授给别人，你讲解时可以参考我的课堂笔记。

先试试这个，看看会给你带来多少益处，给你的朋友带来多少益处，你肯定会惊到的。你可以小试一下离经叛道，可以稍做一点实践，你会发现在实操的过程中自己成长了、提高了。

自然为万物排定了节令时辰。你是农民，想种些麦子，你就得整好地，在一年当季撒下种子。那么，你会在第二天就开着收割机来收割吗？

不会。你要等大自然把它该干的事干完。称它是无限智慧也好，叫它上帝也罢，随便你叫它什么吧，你只管先把你的事做了，自有智慧去做它的。这智慧不会引导或者吸引你走向你的主目标，除非你确切地知道主要目标是什么，为实现它掐算好时间。倘若是以平庸之资登场，却扬言不出 30 天赚到 100 万美元，那肯定是荒唐可笑的；设定主目标要合理适度，不可奢望。

目标要保密

还有，你的主目标要严格保密。不过，你要想在讲集智原则的那节课上就这个问题接受进一步指导，可以不保密。为什么我建议主目标要保密呢？因为事还未成，你就憋不住要露脸，说出去了，知道你家亲戚会怎么样吗？他们出了门会笑话你的。我的亲戚就是这样。这么多年，我认识的人中，只有两个人支持我，给我鼓励：一个是我的继母，另一个是安德鲁·卡内基。没有他们俩的信任，我熬不过来，也不可能成功。一定要有人相信你；没一个人相信你，你很难坚持下来。当然，你也要值得人家相信。

不管怎样，不要向别人透露你的主目标，因为这世上有很多人喜欢站在一旁，等你经过时伸脚使绊子，特别是在你心高气盛、人生在他们看来成就更高的时候。你走着走着，他们会无缘无故伸出脚，就是要看你摔翻在地。你的机器正转的时候，他们往机器里投扳手，没有扳手，就往齿轮箱里掺沙子——就是要你慢下来。为什么？因为嫉妒。

你要亮出主目标吗？只有一个办法，就是用行动说话，是在既成事实后而不是在之前，在你达成了目标后再亮明，让事实说话。不靠自夸不靠嘴说，只能靠实际作为。你把事做了，也无须开口，事实会证明一切。

以前时不时有人批评我，现在估计还批评我，但我不再听了，更不做回应。为什么？因为事实胜于雄辩，别人说什么无关紧要，让你的工作、业绩来说话。

计划要有柔性，不要因为计划是自己定的，便认为它完美无缺，那样是要犯错误的。把计划定得灵活一些，认真试行，如果效果不好，就改一改。

为成功做思想准备

接下来，尽可能频繁地把主目标灌输进你的潜意识。吃也是它，睡也是它，走到哪都带着它。而且记住，你的潜意识是可以因此受影响的，它会在你睡觉时帮你实现目标。

大家可能不知道，我参与研制了一款机器，可以在人睡觉时调整思想，为成功制备条件。这件事我讲了15年，现在已经有六七款机器了。打开后，它会自动为你回放发给潜意识的信息，每15分钟播一次，直到你关机。你可以用它治疗生理疾病，也可以用它治疗心理疾病，如缺乏信心、信念不坚定。你要有什么东西想传送给潜意识，在睡眠时更容易实现。如果不是这样，我也不能灵感一现，为儿子布莱尔配了一套助听装置。布莱尔天生无耳，我彻底打通了他的潜意识。

此时，你的意识思维的嫉妒心是很强的。它站岗放哨，除了你害怕的和非常热衷的东西之外（特别是你害怕的东西），其他一概不予放行。你要想在潜意识里植入一种意念，必须有充沛的热忱和坚定的信念。你得把意识思维拘起来，让它靠边，放你通过，进入潜意识，因为你有热情、有信念。

重复也是很奇妙的。你一遍遍重复，意识思维最终会听腻的，它会说："好吧，你要再重复一遍，我就不站这儿一直看着你了。你进去吧，把它带进潜意识，看它怎么处置吧。"过程就是这样的。

意识思维是一个非常矛盾的存在，它知道所有行不通的事。它有一大堆没用的或者不合适的东西，还存着一大堆绳子、马掌、钉子，像吝啬鬼攒东西。一堆东西随处散放，全是捡来的无用垃圾，根本不需要的累赘。意识思维经常给潜意识喂的就是这些东西。

每晚睡觉前，应当给潜意识下个命令，把你想让它完成的事交给它。当然也为了疗愈身体，身体每天都需要修复。你让身体躺下睡觉时，就把它交给无限智慧，要求潜意识工作，疗愈身体的每一个细胞和器官，第二天早上将一个调理良好的身体还给你，头脑可以依托它运作。

先给潜意识下命令,然后再睡觉,告诉它你想要什么。要养成这个习惯。长期坚持下去,潜意识就会相信你,把你要求的东西送来。既然如此,大家一定要认真考虑自己索求的东西,因为你不断索求它,你就会得到它。

你现在要是知道自己这些年来一直在追求什么,想必会很吃惊。你想过这个吗?你一直在追求什么。你现时拥有的一切你并不想要,却都是你自己追求来的,也许是因为疏忽,也许是因为你没把真正想要的告诉潜意识,而它又积存了很多你不想要的东西。潜意识就是这么运作的。

人生的最高目标

以下是一些和主目标有关的重要因素。首先,明确的主目标应该是你一生中最高的目标,是你想实现的唯一目标,高于其他目标。你愿意把它的成果当作身后的一块纪念碑留给自己。

这才应该是你的主目标。我说的不是次要目标,而是主要的、总体性的目标,是终身目标。相信我,朋友们,人没有终身目标,就是在枉费生命的美好时光。你只有认准了某事,有了生活方向,才能在这个层面上利用这个机会做一些事,哪怕经受生活的折磨和苦痛你也愿意为之付出。

我想象,大家是被送来世上做事的;我想象,大家是带着能开拓和实现自己命运的头脑被送来世上的。如果你没达成目标,没使用这个头脑,我想象,站在送你来世间者的角度看,你生命的很大一部分被浪费了。你要把控自己的头脑，目标要高远。不要认为过去没多大作为，将来也不可能有什么作为。不要用过去衡量未来。新的一天是要来的，你会再获新生。你在设定一个新的格局，你身在一个新世界，你是一个新人。如果不是这样，那为什么不是？你若没明白这一点，没运用这个思想，你上这门课就没什么收获。我希望你们每个人重生一次，我是说在心智上、身体上、还有精神上重生。带着一个新目标、新目的，带着一种新认识——把个体的自我和个人尊严视为人类的一个单位。

你要问我，人类最大的罪是什么？我敢说，我的回答一定让你大吃一惊。你的答案呢？你认为人类最大的罪是什么？

人类最大的罪就是没有利用自身的最大资源，因为要是用了这份资源，你一定会得到你想要的东西，不仅有，而且多。我没说你拥有的一切都是合理的，我说的是你会拥有想要的一切，而且数量充足。我没有用限定词。你想要的东西，只有你自己可以加限定词，你是唯一能为自己设限的人。任何人都替代不了你，除非你容许他们这么做。

让目标终始超前

主目标或者部分主目标，应当总在你前方一段距离，让你有盼头、有期待。

如果赶上并实现了主目标，那该怎么办？接着该做什么？那就再设定一个目标。实现了第一个目标，你便知道你是能完成主目标的。选下一个目标时，一定要比第一个目标大一些。假定你要获取物质财富，头一年别把目标定得太高。制订年度计划要在合理的范围内，看看实现的难度有多大。下一年，加倍；再下一年，再加倍。

前不久，厄尔·南丁格尔（Earl Nightingale）告诉我，几年前，有一次他躺在床上看我写的书，忽然一个想法闯入脑际，让他悟到了我现在讲的这些。具体说就是那个点，到了那个点，他能够完全把握自己，能做他想做的任何事。他的成功就始于那一刻。他大呼小叫起来，他太太还以为有人要杀他呢，立即跑进屋。

"我找到了！找到了！"他叫道。

"找到什么了？"

"我这辈子一直在找的东西。在这儿。"他念给她听。念完了，他说："我要证实一下，看看拿破仑·希尔是不是一个骗子，是不是实在的人。下周我要让工资翻倍。"工资真的翻了一倍。他又说："凡事皆有偶然，我要再试一次。"工资又翻了一倍，而后他就此打住，不试了。

我告诉大家，南丁格尔现在过得挺不错，经济方面、其他方面都挺好。他做了件好事：他从这套哲学起步，这套哲学理念让他有所感悟，有所思考。什么感悟呢？他发觉自己一直揣着答案呢，不需要从我的书里或者别的地方找答案，不过，他是在我的一本书里看到了它，这也是事实。

不知道大家将来会在什么地方找到我现在讲的这些东西，但一定会在某处找到的，你还要帮助跟着你听课的人也找到这些，让他们自我实现。

一个人的主目标应该有超前性。为什么？为什么不定一个明天就能实现的目标呢？显然，如果这样定目标，这目标就不可能远大，你也就不会有追求的乐趣。

追求之乐是美事。你成功了，目标实现了，乐趣也就没了。你就要折回头，重打锣鼓另开张。人只是活着，没有明确的目标，生活就少了趣味。

期盼未来有所作为

希望未来有所成就，达成主目标，乃是一个人的最高享受。这一点只可意会，不可言传。展望未来，能有幸看到我的学生和我的著作普惠众生，收获满足感，不胜言表。想到将来我有能力行此等善举，兴奋、激动透彻全身。只要我活着，我一定要以某种方式为他人做善事。世界上没有什么能替代这种希望。虽然希望还没实现，但怀有这样的心态就很好。

止步于当前、无所事事的人着实可怜。我看到，这样的人很多，过得都不怎么样。退休后我去了佛罗里达，我以为不用再挣钱也会过得不错。现在看，那时我是可以做得到的。头半年一切安好，而后开始手脚发痒。我找到当地的教会人士，跟他们说这个那个有问题，让自己火了一把。我并不满足，我在那儿收到的回应不够。于是，我就去找高校，这下好了，我真的"上位"了。

而后我反省一下自己，找到了我希望大家永远也别找到的东西。我看清了，怠惰闲散真的是魔鬼作坊，害人不浅，我已身在其中了。一顿狠劲摇晃才让我猛醒，重新投入工作。我不会再一门心思找清闲了。这样做不妥，人一定要保持积极，精进不辍，前方总有目标。

主目标可以是（也通常是）靠经年累月步步进阶才实现的，主目标就应当这样设定，穷其一生努力才能完成。主目标常由许多小目标组合而成，如个人的职业性质，应当是个人的选择。其实，主目标应该和职业、业务、专业相协调，每一天的付出，都应该让个体向实现人生的主目标更近一步。

有些人夜以继日地工作，只为了满足衣食住行上的需求，还有些人除了活着再无目标。我为他们遗憾。我无法想象，学过这门课的人能自甘于无所事事。我相信你们是想生活得更好、想富足、想要得到做自己想做的事所必需的一切，包括钱。

一定要在你的目标里加上一条：你与伴侣要达到融洽和美。有什么比这一条更重要？有什么人际关系比夫妻关系更重要？没有，当然没有了。谁说有！

见过或者听说过夫妻关系不和谐的例子吧？肯定见过或者听说过。让人不舒服，是吧？别说是夫妻，周围有人互不合拍，还让人不舒服呢。当然，你与伴侣可以做到和谐融洽，这就要应用一下集智原则。妻子或丈夫应当是你的第一个智囊，也许你得再度向他/她示好求爱献殷勤，不过，这也很好。我觉得，这辈子做什么事都没有求爱献殷勤令我享受，那感觉太美妙了。来一次往日重现吧，再追一回你的靓妹帅哥吧。

我的太太不属于这个世界。我很高兴她身在这个世界，她的心却在另一个天地。如果说有谁最了解我，知道什么时候怎么做让我高兴，这个人肯定是她。她能读懂我的心思，知道我在想什么。我不必跟她在一块，因为她随时随地知道我的情况。她知道在我最需要灵感时开启我的灵感。有这样一位太太，真乃一大幸事。

你要是有伴儿，能跟他/她建立起集智关系，互为智囊，你的不足、缺项，对方可以补上，那你就拥有一笔无与伦比的资源，是别的东西比不了的。夫妻的集智关系能够克服万难。双方心往一处想，使热情倍增，谁需要热情就往谁那儿灌注。

处理好同事关系

如果你和业务伙伴或者同事处不好，一定要回头重来，回炉再造。你稍稍承认自己的不是，会收到何等效果，你肯定想不到。承认自己的不是绝对是一件好事。一般人会说，脸皮太薄，不愿承认自己有弱点。我跟大家讲，坦承自己的不是，等于把自身的一些弱点剔除掉了，这不是好事吗？坦承自己并非样样都好，承认有所不足。对方也许会说："仔细想想，我也不是什么都好。"而后，你俩就开始比着说自己的不是了。

不妨再下些功夫，跟你每天接触的人处理好关系，不管对方是谁。你们可以做到的。我相信你们能做到。你问我是怎么知道的？因为我以前跟好多人过不去，跟我结怨的人不比跟我交朋友的人少。我过了很长时间才明白为什么我会变成那个样子。刚开始，我根本不在乎。我和某人的意见相左，我就故意让他知道，他不用问，我直接告诉他。这么干可能让你很出风头——故意找某人挑事，故意对某人的说法提出异议，或者告诉对方你怎么知道他错了。我喜欢有人走过来说："拿破仑·希尔，我读了你的书，其中的观点我不同意。"这种情形偶有发生，让我感觉很好。

但是再好，也不如他走上前来说："拿破仑·希尔，我读了你的书，找到了自己，我要成功了。"

人际关系不和谐，多半是由于疏忽——不注意增进人际关系。如果你想增进人际关系，是可以做到的。

你的主目标应当有一个培养和谐关系的明确计划，特别是和家人、同事的关系，和常在一起娱乐休闲的人的关系。人际关系这一块对于实现主目标来说太重要了，因为很大程度上实现主目标需要他人的合作。大家是否想过这一点？个人平生所做的有价值的事情，是要和别人融洽合作来完成的。不与人交好，不理解人，不包容别人的弱点，怎么能实现融洽合作呢？

请问你有没有朋友因为你要改造他或者改变他对某事的想法而感激你呢？你愿意让朋友来改造你吗？不愿意吧。谁都不愿意。有些事情你可以为朋友做一个表率，这是改变他的有效办法。但是，你一上来就跟他说哪儿哪儿错了，他下回再看见你，很可能绕道走。

你可以培养良好的人际关系，但不是靠批评人，靠挑对方的缺点，因为是个人都有缺点。比较好的办法是多说一个人的优点、长处。我还没见过哪个人差到没有一点儿优点。如果你专看对方的优点、长处，对方就会百般努力，不叫你失望。

志存高远

应当毫不犹豫地选择一个暂时可能无法达到的主目标。我选择构思第一套个人成功的实用哲学，并把它推介给世人作为主目标，这个目标在当时对我来说是遥不可及的。是什么让我踏踏实实钻研了20年？又是什么在大部分熟人对我提出异议的情况下让我苦苦坚持，奋斗不息？大家知道是什么吗？是大家需要的东西。

你可能说自己缺少信念，那么怎样才能有信念？你得有动机吧？你得有个目标，才能有信念吧？你得有行动来支撑目标吧？我那时候必须有充分的信念，必须让信念活在心里，办法就是奋斗不息，就像是预先知道自己一定会完成卡内基先生交代的任务。

有时候，亲友所说的关于我的话看似很对；站在他们的角度，用他们的标准衡量，我是在虚度20年时光。可是，站在因为我这20年的努力而受益或者将要受益的千千万万人的角度看，我不是在虚度时光。我应该是同代著书立说者中把时间用得最充分、最有价值的人。

一名讲师执教时，不会一开始就轰轰烈烈、济济一堂。这么说吧，你得一点点积攒经验，找突破口。你得对你做的事有信心，你得经过历练才行。这可能要几个星期、几个月，甚至一年。你若一听熬到出头，熬到听者云集，要一年时间，你就开始抱怨，那就想一想，我熬了20年呢！我都没放弃，你为什么要放弃？

再想想我学到的又传授给你的技艺，你不必再去经历、再付出代价就得到了。我是付出了代价的。你们若是不来听课，我付出的代价你们也得付。最近这10年，我在沿海地区尝试做广播、做电视、讲课、搞培训、打广告，没有一件事和你们当教员的工作有关系，所以，怎么当教员，我给不了你们建议。我会大幅度缩短各位的见习期。大家不必像我，一气儿投入20年。在这班里学上三四个月，出去能把这套哲学教得很出彩的人不是很多，我一点都不感到意外。

你相信自己不会失败，你就不会失败。你感觉自己要失败，那就一定会失败。你和我在一起的时间长了，我一定教会你不认为自己会失败。到时候，你就相信自己是不会失败的。

大自然的目标

观察自然可以深刻认识目标明确这个原则。自然运动，目的明确。如果说宇宙中有什么事物是确定的，那就是自然法则。自然法则不会有偏差、不会拖延、不会消退。人无法绕过它们，无法避开它们，但是人可以了解它们的本质，调整自己去适应它们，并从中受益。有谁听说过万有引力定律暂停失效了，哪怕停下多少分之一秒？没有！过去没有，将来也不会有，因为在整个宇宙中，自然的机制非常确定，一切都在精确地运动，像时钟一样。

你想找一个例子来说明运动的确定性吗？你只要对科学略知一二，便能看清大自然如何运作——宇宙井然有序，一切自然法则互相关联，所有恒星和行星在稳固的关系里运转。天文学家可以泰然而坐，提前几百年准确预测某个行星和某个恒星的相对位置，这难道不是一件令人称奇的事！如果没有目标，没有按部就班的计划，天文学家是做不到的。

我们想弄清楚那个目标是什么，因为它关系到我们每个人。这是你们到这儿听课的理由，也是我教你们的原因。我把在生活和一些人的经验中拾取的点滴教益传授给大家，教你们学会如何调整自己，适应自然法则，利用法则，不会因忽视法则而碰壁。

在我看来，自然法则万一失灵是一件极其恐怖的事。试想，倘若自然法则暂停支配，那宇宙岂不大乱？恒星、行星迅速聚在一起，氢弹恰似一串小火鞭。好在自然不会干这种事。自然有非常确定的律则可循。

你看一看我后面列出的17条原则，你会发现它们完全符合自然法则。拿"额外付出努力"（"多走一英里"）这个原则为例。大自然应用这条原则的实例多得不可胜数。它让树开花，不只是满树披花，还要让花开的数量足以应付狂风骤雨。它让水中有鱼，鱼的数量不只是够鱼繁衍存续，还够养活牛蛙、蛇、鳄鱼等动物，另外还有富余。大自然的供应不仅是充足的，而且过剩。

大自然也会迫使人类多付出努力，不然就会灭亡。春种一粒粟，秋收万颗子，如果大自然不加倍回报，补偿人的智慧，人在一季就会饿死。如果你尽好自己的本分，大自然也会馈赠你，而且会馈赠得很丰厚，甚至是过剩。

自我暗示

我们接下来谈谈这一条：用自我暗示进行自我催眠，让自己相信意欲达成的目标一定会达成。你试过自我催眠吗？你有没有被催眠过？当然有。你每天都在被催眠。我的意思不是你被搞得不省人事，我是说，你始终在经历一定程度的催眠。你对暗示有所反应，这就是一种催眠。

让我们用用催眠术，不要拿消极的事物、恐惧、挫折来充塞潜意识，而要把我们想做的、荣耀的事——是我们想要的，不是不想要的——装进潜意识。

看看成功者是怎么做的。他们能够将自己彻底催眠，尚未开始做，就看见了大功告成。有这个能力是非常了不起的。

这就是自我催眠。它让你只看见你能做的，不看不能做的。大自然有一个奇异的特点：如果你的心思专注于生活的积极面，积极面就比消极面大，一向是如此。你把心思放在积极面上，积极因素就会大于所有试图透入你的内心、影响你生活的消极因素。

03
第三章

集智

集智的第一个前提

　　集智是手段,一个人可以从别人的经验、教育、培训、专业知识和影响力中充分汲取有益的东西,就像有众多头脑合力工作一样。试想,你不管缺教育、缺知识,还是缺影响力,都能通过某个受过良好教育的、知识丰富或很有影响力的人获得,这岂非绝妙?交换知识乃是人世间最可贵的禀赋之一。投身商业做生意当然是不错的选择,货币交换可以带来利润,不过,我更愿意同别人交换思想:投桃报李,互通有无。

　　大家知道,托马斯·爱迪生是有史以来最伟大的发明家之一。他一生涉猎了许多学科,但对任何学科都不甚了了。你会说,不会吧,在专业领域没受过什么教育,怎么可能取得成功?我第一次跟安德鲁·卡内基访谈时,他说过他对钢铁生产和销售一无所知,这让我很惊讶。

我问："卡内基先生，那您究竟起了什么作用呢？"

"我告诉你吧，我的工作就是让我的智囊团成员在和谐的氛围里工作。"

"您就做这个吗？"我问。

"让任意两个人连续三分钟在某件事情上保持意见一致，你试没试过？"

"我不记得。"我说。

"你哪天可以试试，体会一下让一群人在一起和谐共事是一份什么样的工作。说人类最了不起的成就，这算一个吧。"

接着，卡内基先生把他的智囊团成员一一做了介绍——每个人怎么样，承担了什么任务。一位是冶金专家，一位是首席化学专家，一位是厂区工程经理，一位是法律顾问，一位是财务总监，等等。这20多个人在一起共事，他们的教育背景、经验和知识集合起来，就构成了那个时代关于钢铁生产和销售的全部知识。卡内基先生说，他本人没有必要了解这些东西，他身边都是懂行的人，他的任务就是让他们在非常和谐的氛围里工作。

集智的第二个前提

两个头脑或多个头脑本着和谐精神，为实现一个共同的目标主动联合，激发每个人的头脑，使之达到一个比平常体验更高级的知识层面，进而为实现"信"的思想状态铺路。

人类的头脑是一部奇特的"机器"，我不知道有谁真正了解它。不过，有一点是大家知道的，有些事可以用脑袋做。大家知道，人脑既是思想波的广播站，也是接收站，工作原理很像无线电广播接收装置。

人聚在一起时，就是这么干的。称作智囊团也好，社团也好，当一群人聚在一起表达热情，述说好心情时，头脑与头脑便相遇了。这一相遇提高了每一个头脑的振波，所以，如果这群人有15人、20人或者更多，那么，每一个头脑自会调谐接收更高波频率的振波，从中获益。

广播的工作原理是这样的：你去广播台站，开始讲话。广播台把你的声音提高数百万倍，将音频——就是人耳能听到的频率，变成无线电频率——人耳无法听到。能媒接收到振波，将它传向四面八方。听者用接收装置接收以无线电频率发射的振波，倒着处理一下，将它还原成音频，由电子管传出来，你就可以听到声音了。

这就是无线电广播的工作方式，也恰好是头脑的工作方式。你可以刺激大脑接收更高层级的信息，那是你在日常平淡无奇的心境下接收不到的。

智囊团的一个最重要的功能就是你可以参与其中，给自己充电续能。大家知道，汽车开得太勤了，电池的电会耗完，一定得处理一下。某天早上你从家出来，一启动，车子没反应。我认识一些人，早上一起床就干这种事。没别的，就是心情不好，不想穿鞋，不想穿衣，甚至不想吃早饭，他们需要什么呢？

当然是需要给电池充充电，一定得有一个充电的电源。其实，要是早晨起来时有这种感觉，可以跟老婆聊一聊。老婆如果善于协调，自然会帮助丈夫充电，摆正心情；如果不善于协调，让老公带着这种心绪出去，他很可能一无所获，空手而归。

集智的第三个前提

　　一个智囊团如果管理得当，常能激励每一个团员，使其朝气蓬勃，发挥个人主动性、想象力，勇敢前行，其精神状态、实际表现远比个人在没有加入智囊团时的表现强得多。

　　刚起步的时候，我有一个三人智囊团——我、卡内基先生，还有我的继母。我们三人滋养护育着这套哲学理念，其间，所有人都嘲笑我犯傻，为世界上最富有的人无偿效力20年。他们的话有道理，因为在当时我的确没有得到很多报偿，至少挣钱不多吧。不过终究会有一天轮到我笑，虽然这一天很久以后才到来。曾经嘲笑我的人，我可以反过来笑他们，但在这一天到来之前，我流了不少血和泪，真的。

　　有我与继母、卡内基先生的三人关系，我倒不惧亲戚朋友投来的嘲笑。出手不凡，做事不同流俗，就会遇到阻力，有人会嘲笑你，而且多半是和你关系密切的人，有些可能还是亲戚。

　　你如有大志，不甘平庸，就需要有"电源"给自己的电池组充电，保持能量满满，这样遇到艰难困顿时就不会放弃了，也不会在意别人的批评和说三道四了。

　　批评对我来说就如水过鸭背一滑而落，如风过耳，不起什么作用。我对一切批评是绝缘的、免疫的，不管善意的还是恶意的，我都不为之所动。之所以不为所动，是因为我通过智囊团跟一些人有了交往。要是没有和继母、卡内基先生这层关系，我今晚就不会站在这儿跟大家讲话，你们呢，也不会在这儿当学员，学习这套哲学思想，这套哲学也就不会传播到世界各地，让千千万万人受益。因为我有无数个机会让我放弃现在从事的工作，每个机会都格外诱人，我若不放弃，就显得特别愚蠢。可是，有了这层关系，我总能回到卡内基先生身边，总能遇见我的继母。我们常坐下来聊一会儿，继母会说："咬定青山不放松，你会大有作为，会出人头地的。我相信你肯定会。"

我的对手常说，我曾经穷得一分钱掰两半儿花，我的继母说："你一定是希尔家族里最富有的人。我相信，因为我能看到未来。"我不大相信我的财富会比父母两边的三代亲戚加在一起还多，而我的继母能看到。她看得到，我做的事业一定会让我富有。我指的不是金钱财富，而是更高层次的、更广义的财富。你能够服务大众时，就会获得这种财富。

集智的第四个前提

智囊团要有成效，就须积极主动，不能只是和某个人结了伴儿便说："有了。我和这个、那个，还有那个人结了伙儿，抱了团儿，我们就算有了智囊了。"倘若不积极作为，有也是无。智囊团的每个成员一定要参与进来，从思想上、精神上、身体上、经济上——从一切必要的方面参与，要致力实现一个明确的目标，而且一定要在完美和谐的氛围中努力。

大家知道完美和谐与一般和谐有什么区别吗？我想，我和很多人的关系都和谐，这种关系不比现世活着的任何人所拥有的少，甚至可能还多些。但是，我要告诉大家，完美和谐在这世上少之又少，十分罕见。我觉得，在目前我认识的所有人里，与我的关系达到完美和谐、水乳交融地步的，掰着手指都能数过来。我跟好多人是泛泛之交，你好我好，客客气气，但那不是完美和谐。我和很多人算是工作同盟，但那也不是完美和谐，或者说永久和谐。

你和对方的关系只有到了这个地步——他需要的、想要的一切，你只要有，你都会心甘情愿、毫不犹豫地拿出来给他，才算是完美和谐。这样的思想境界需要一个人非常无私。

卡内基先生一再强调完美和谐的关系十分重要。他说，一个智囊团如果达不到完美和谐，就不算智囊团。没有和谐，聚在一起不过是普通合作或者友好协作而已。

智囊团能让每个成员充分汲取其他成员的精神能量。我说的不是智力或者财力，而是精神、思想力量。在你逐渐巩固你的集智关系时，那种感觉会是一生中最美好、最愉悦的体验之一。你参与集智活动后，你会坚信自己能够意之所图，动无违事。没有怀疑，没有畏惧，没有局限。这是一种多么美妙的心境啊！

集智的第五个前提

一切靠不凡成就实现的个人成功，都是遵循集智原则取得的，绝非是个人单打独斗的结果，这是事实，有据可查。

一个人在职业生涯中只靠单打独斗，不靠任何人，能在社会上走多远？各位想象一下，如果没有他人的合作，一个人的成就能有多大？

你从事某个专业，例如你是一位牙医、律师，或者你是一位正骨医师，倘若不知道怎样叫每个客户或患者为你当推销员，你想想看，你要花多长时间才能建起一个客户群。优秀的专业人士都知道如何把每位客户变成自己的推销员。这种事他们都是间接去做的——靠的是多付出一分努力，提供特别服务，而他们确实能把客户变成推销员。情感触动是个人力量的结果，足以使一个人超脱平庸的个人力量，如果不运用集智原则，是不可能具备的。

富兰克林·罗斯福（Franklin D. Roosevelt）入主白宫的第一个任期，我有幸和他共事，担任机要顾问。把报纸头条里的"经济萧条"几个字拿掉，换成"经济复苏"，这个宣传方案的框架就是我做的。

你们谁记得"黑色星期日"发生的事？你们一定记得当时全国乱成什么样子：银行周一早上纷纷关闭，全国各地的人在银行门前排队等着兑现。他们怕得要命，对国家、对银行、对自己、对别人全然丧失信心。可能多少还有点信上帝，但显然那个信已经黯淡了很多。这么说吧，那段时间太可怕了。

我们在白宫开了个会。大家坐下来，商议制订了一个计划，创造了美国有史以来运用集智原则的绝佳案例。国家仅用了几周时间就让民众消除了惶恐。短短几天内，花光了手头的钱又拿不到钱，还在路上苦奔的推销员便谈笑风生，毫无惧色。

我自己的钱取不出来了。我不是没钱，真的，我有钱。滑稽吧。我脑袋很灵光，立即察觉要出问题。当时，我有一张1000美元的支票，但是没地方兑现，还不如有10美分的现钱。10美分不值一个钢镚儿。但是，我没被吓住，大家是一根绳上的蚂蚱，有什么可怕的！

那是一段高光时刻。大家支持总统，每个人都为重建人民对国家的信心出了一分力。

这个国家的人民几乎一致认定，适逢乱世，富兰克林·罗斯福犹如天神下凡。我也这么想。后来，有些人认为他另有来处（不是我说的）。但在那段纷乱不堪的时期，大部分人的内心是不存怀疑的。我接触的人都觉得罗斯福先生优秀至极，也只有他能应付得了混乱局面。

别从政治上把我想歪了。我讲的重点是一个伟人在该有大作为的时代有了一番大作为。他的成功，得益于他有一个打不垮、难不倒的智囊团。

智囊团

我们现在来看看不同类型的智囊团。首先，有因为纯粹的社会原因或个人原因结合而成的智囊团，里面有亲戚、朋友等，完全不涉及物质利益。这类智囊团中最重要的是夫妻智囊团。如果你已经结婚成家，建议你即刻开始下功夫，把家庭打造成一个智囊团，这个重要性怎么强调都不为过。夫妻智囊团会带给你未曾奢望的快乐、健康和成功。夫妻间确立了集智关系，绝对是大好事。我不知道还有什么好事能抵得上它。

还有一些智囊团是为了提升业绩或者出于职业原因组建的，成员均有个人的物质动机或经济动机，而这种动机又和智囊团的目标相关。我现在设想，你们学了这门课，大部分人组成第一个智囊团，纯粹是为了改善经济条件或财务状况，这完全是合理的。你想改善自己的经济条件或财务状况，就应该立即动手组建一个智囊团。

刚开始你找了一个人，没关系，就先从一个人开始，然后再去找人，你们两个人选第三个成员。你不能一个人选择第三个人，必须是你俩一起选。选择第三个人时，一定要叫上第二个人。然后再由你们三人一起选第四个人，选新成员前，一定要认真考虑。再往后，由你们四人选择第五个人。

智囊团内没有谁说了算、谁主持。有一种情况除外：一般是由一个人担任协调员、牵头，但他绝不能把持其他成员。你只要想凌驾于别人之上，就一定会遇到抵制和反抗。哪怕反抗不公开，那也是反抗。智囊团应该始终洋溢着完美和谐的氛围，行来动去就像是一个人。

现代铁路系统是行业运用集智原则的范例。虽然铁路员工之间关系并不总是完美和谐的，但是，在铁路公司工作过的人都知道，大家尊重权威。必须尊重权威，否则，铁路就没法运营了。

越来越多的工商企业逐渐意识到，它们可以再进一步：运用集智原则，分担管理职责、分享利润，甚至分享一切，而不是只在管理方和员工之间开展合作和协调。凡是受我影响采取这种政策的企业，都比以前赚钱了，员工的工资也涨了，可谓皆大欢喜。

运用集智原则最全面的案例之一是马里兰州巴尔的摩的麦考密克茶与香料公司（McCormick Tea & Spice Company），那是我的一项成果。它们目前运营的工厂在投产之前，抱怨、牢骚、不满很多。随便一个工头就可以在未经同意的情况下解雇员工。

而如今，麦考密克茶与香料公司解雇一个人花的时间是雇用一个人的5倍。谁都不可以随便解雇人，公司总裁也不可以。为什么？因为如果有人投诉某个人，管理方和被投诉方的同事要各出若干人给他开个听证会。也就是说，他有机会参审他的问题。如果最后大家一致同意将他开除，也不会就单单让他走人，另谋高就，而是帮他四处打听，在别的公司替他找一份工作，别的公司还不介意原来的公司将他解聘的原因。一家企业能这么做，岂不是善举？

员工的6项品质

女士们、先生们，要待人如己——做同胞兄弟的守护人。在你不得不与某人绝交时，你真诚地与他握手，对他说："命当如此，你我无法携手走得更远。你走阳关道，我过独木桥。衷心祝愿你成功。"这是何等的妙事！分道扬镳在即，你能对另一个人说这番话，而且是真心话，于己、于对方都是十分快意的。

在人际交往、商务领域、职业领域及家庭生活中，我最看重两项品质，各位知道是哪两项吗？

可靠与忠诚。可靠排在第一位。一个人靠不住，我就不愿意让他参与商业交易，不管他多聪明、学历有多高。如果不可靠，学历越高，危险越大。

如果他不忠诚，我要说的和上面一样。一个人应该忠却不忠，在我看来就毫无人格可言，我不想跟他有任何交集。

可靠与忠诚，这两点之后才是工作能力。注意，我把能力排在第三位。如果没有可靠与忠诚，能力再高，我也不感兴趣。

第四项品质当然是积极的心态。你旁边有个人消极丧气，于你何益？可以给点钱让他一边待着，你只管向前走。

第五项品质是额外付出努力。第六项是实践信念。你找的人具备了这6项品质，你就找对人了。你是与王者为伍。

不论哪个智囊团，本着志同道合的精神团结在一起，这是很好的，但这还不够。应该有一些有活力、有特色的活动项目，通过这些项目为人们提供有益的服务，帮助别人，也帮助自己。

组建智囊团

现在，我想谈谈怎样组建、维系智囊团。

首先，要有一个明确的目标，作为智囊团追求的目标。选择成员时，成员的教育背景、经验和影响力要能够让他们在实现目标的过程中发挥最大价值。

很多人问我，智囊团有几个人最好？怎样为智囊团选对成员？

选人的过程就像创办企业选员工一样：你选择什么样的员工呢？当然是你想让他做什么，他都能做成，你肯定选这样的人了。

选多少人？这要看你的业务量。你要是经营一两个花生摊，小打小闹，也许一个人就够了；要是经营花生摊连锁，可能需要100多人。

至于入选智囊团需要什么条件，首先就是我提到的那6个品质，那6项品质是你开展集智的条件：要可靠，要忠诚，要有能力，要有积极心态，甘愿多付出努力，要贯彻信念。你想知道进智囊团要符合什么条件吗？全在这儿了，少一条都不要将就。你若发现某人具备了其中5项，不够6项，最好谨慎选择，因为这6项都是组建智囊团的核心条件。

你可以仔细检验，看看是不是这样。你与这6项全都具备的人共事，才会达到完美和谐，否则是不可能成为智囊团的。你可以做工作上的安排配置，就像很多人那样，但工作上的安排配置并不包含集智的所有潜在价值。

其次，要确定每个成员参与智囊团合作可以获得什么好处作为回报。请记住，人无偿不做事。

你可能会说，你给予了一个人爱，没有得到回报啊！其实你不是平白这么做的。我可以告诉各位一点，你从中获得了很多，因为拥有施爱的权利本身就是很大的特权。即便施爱没有回报，你还留有爱心之利，你也因此收获了成长。

劳而不获是行不通的。没有报偿，人不会去劳动。报偿可以有很多种形式，如果你的智囊团成员们不能平等分享智囊团产生的利益，你也别指望他们会急急赶来，帮你发财，帮你做事。

要遵循一个标准：每个人得到的好处必须大致和你相当，不管钱财、社会收益，还是幸福感及内心的平静。

还要注意那9个基本动机。人这一生做什么、不做什么，都受这些动机左右。你做事就要拿出充分的动机，否则，千万别要求别人做。

我去银行想借1万美元，银行借给我这笔钱的充分动机是什么？

有两个动机，都是经济收益方面的。我要是愿意给银行3倍的贷款担保，银行肯定高高兴兴地把钱借给我，想借多少就借多少。他们想要那抵押物，想要借贷的利润。这就是银行的经营目的。

还有一些交易不是源于金钱动机。例如，一个男性向心仪的姑娘求婚，其中有何动机？

是爱情吗？有时候是吧，理论上讲是爱情，但也不总是爱情。我知道有很多婚姻和双方的爱情没有一点关系。

我跟各位讲，我父亲把我的继母领进家时，也就是一个农民，他从来没穿过白衬衣，没打过领带。他怕穿白衬衣、怕打领带，他穿的是蓝色棉衬衣。我继母是一个大学生，受过良好的教育，两人天差地别。

她把我父亲收拾得干干净净，给他穿上白衬衣，把他打扮得颇有派头，像个人物。她是下了很大功夫才做到的。最终，她把我父亲变成了有钱人，成了一个很成功的男人。有一次，我问她："我爸是怎么赢得您的芳心的？动机是什么？"

她答："跟你说吧，我看得出来，他有盎格鲁-撒克逊人的优秀血脉，是可造之才，我相信我能把他的能力发掘出来。"她确实做到了。很多时候，一个女人之所以愿意嫁给一个男人，是因为看到了他的潜质。有时是看钱，有时是看爱情，有时是这，有时是那。但凡交易，背后总会有某个动机，这一点是毋庸置疑的。

不管你想让谁做什么，都要选择恰当的动机，适时播种在对方心里，如此，你就是一个推销高手。

而后是制订明确的计划。遵照计划，智囊团的每个成员都将为实现目标做出自己的贡献。定时间、定地点对计划开展讨论。计划不明确，必致失败。要让智囊团的全体成员经常保持联络。

大家是否有过一段深厚友谊，后来突然冷淡了、消失了？我敢肯定，大多数人是有过的。是什么原因造成的呢？

是忽视。就一个原因——忽视。你有特别亲密的朋友，维系友情的唯一方法就是一直保持联系，也许间或发一张明信片就行。我有一个学生，1928年在纽约市报班听我的课。我每年生日她从未忘过，每次都会寄来一张贺卡给我。有一次她去度假，把我生日忘了，直到下午才想起来，她赶快发了一封电报表示祝贺。可以说，我在全国有几千名学生，她是联系我最勤的一个。因为她特别在意我，所以我也多次在业务上帮助她。我为她争取到了一个升职机会，一年有4000美元吧，这算是保持联系的一点小小的回报。

你一定要和你的智囊团成员保持联系，有个场所定期聚会，让他们有事可做，保持热度，不然他们就会冷淡下来，对你漠不关心，最后变得毫无价值。

无限成功俱乐部

你做了无限成功俱乐部的会员，便有了运用集智、率先受益的机会，因为无限成功俱乐部的全体会员会通力合作，互相帮助，达成各自明确的主目标，解决各自的问题。倘若在俱乐部找不到解决办法，俱乐部会转告拿破仑·希尔合作社的主管人员，我们将及时派知道办法的主管人员为你解答。

大家看看，你是不是得了个大好机会？你花钱不只是买了听课的权利，还为今后买了一种群组关系。如果巧妙利用，它会让你受益一生，不论你运用这套哲学干什么。不过，一定要为这个群组关系保鲜，不要让它冷了。如果课程结束了，你出门就把大家忘了，大家也会忘了你。老话说得好——眼不见，心不念。只有保持好群组联络，我们才有宝贵的人脉，你只要提出来要用，就可以用。我们弄清了你的需求后，会即刻查找联系人通信录，他们遍布世界各地。例如，你在印度需要什么，我可以联系印度有势力的人，他们会悉心照顾你；你在巴西需要什么，我可以电话联系巴西有势力的人，不出几个小时，我就能通过电话找到人；在英国的任何地方，我都可以替你联系一位优秀的职业人士、商业人士，凭着我的社会关系。我之所以能为你联系到，是因为我一辈子都在打造、巩固人脉：凡是我介绍的，他们会尽心竭力提供便利。我希望你们能够用得上这个课程提供的宝贵人脉，这就是拿破仑·希尔合作社的办社目的。合作社就是为学习这门哲学课的人服务的，进而帮助他们更好地服务他人。

这个培训班的一些同学在达成向往的目标上与你相契合，你与他们联系，打造自己的人脉，这样，你就可以找到一些绝佳的智囊。

杰出女性的力量

亨利·福特的夫人和托马斯·爱迪生的夫人都是巾帼豪杰，我多次用她们做例子说明一个女性如何能助丈夫取得成功。福特夫人一定是懂得集智原则的（虽然她不这么叫），不然，福特先生就不会名扬天下，美国就不会有福特汽车公司，汽车工业是否能发展到今天这个样子也大可置疑。在事业艰难时，别人对福特的发明说三道四，说他搞出的新玩意儿（有人就这么称呼）只能吓唬马。这时候，是福特夫人鼓励福特坚持下去，保持警醒，让他充满信心；是福特夫人一路支撑他走过了那段艰难的日子。

大家在生活中都会经历这样的时期。每个人会在某个时刻遭遇困难。我的困难期长达20多年。好在我坚忍，精神上、心智上、体力上忍耐力强，坚持走到底，完成我要完成的事。想必我的目标是远大的，想必是有人站在我身后指引着我，只是我看不见他。

04
第四章

实践信念

你的教育水平、背景、国籍、信仰，同你取得成就的能力没有什么关系，与之有关系的是你的心态。心态决定了你成就什么，如何成就，什么时候成就。在我看来，一个人如何控制自己的头脑，是一切人类知识中最深奥的能力。他可以用他的方式为其上色；可以将它抛到高处，也可以将它投向阴沟；可以使之成功，也可以让它失败。心态一变，立时转胜为败。

心态对于身体健康也有同样的作用。各位想过这个问题吗？一年前，我去密西西比州的杰克逊市，用5个晚上为一个牙科团队讲"大师课"，每晚要讲4个小时。早上8点到晚上12点，我为当地电台写稿子，录制广播节目。下午1点到4点，我跟每个学生面谈，听他们提问，给予解答。其余时间，我则无所事事，优哉游哉。

我是带着流感去那儿的。医生说我该去医院，不该去开讲座。那个周末，我击退了流感。我发现，只要我想，我的头脑可以处理异常状况。我跟各位讲,如果我做这个只是为了钱,美国财政部的钱也不够付我工钱,我也不会让我的身体接受那样的考验。好在我顺利扛过来了,无任何不良影响,这辈子从来没感觉这么好过。我也学到了宝贵的一课:人的头脑是无限的,除非你自己设限。这应该是我一生中最光彩也最深刻的一段经历。

我发现了自己不曾知道的情况。具体来说就是,你对身体做什么,或者你用思想为它做什么,是没有局限的。

强烈的欲念是信念的原料。它是一种固执。固执是指一种欲念攫住了你,令你不能自拔。世上有很多欲念并不强烈,更谈不上固执。多数人一辈子都没有体验过固执的欲念。一开始,我们有希望或者愿望,但比较模糊。每个人都想不劳而获,有很多钱。开福特的时候,盼望能有一辆凯迪拉克;穿棉袄的时候,盼望能有一件貂皮大衣。

我和斯通先生去佛罗里达州的迈阿密,我在他的经理大会上发言。演讲时,我对经理太太们说,想穿貂皮而非兔毛大衣很容易,男人们想要丢了福特开凯迪拉克也轻而易举。各位知道吗?她们相信了我的话,全去上班了。后来怎么样?我们几乎每天都听到这样的消息:某某经理太太买了一件新貂皮大衣,或者一辆凯迪拉克。

后来,我受邀去弗吉尼亚州的里士满,我把这个故事又讲给那儿的人听。他们也想知道怎样才能开上凯迪拉克,穿上貂皮大衣。我对他们讲的和我在这儿跟你们讲的一样:头脑无局限。想要貂皮大衣,那就不要将就,不要凑合,让你老公出去挣够了钱买它。你想开凯迪拉克,认准了一定要买,那就撸起袖子干活,只有这样，你才能拥有凯迪拉克。你若是不想要凯迪拉克，那一辈子就只能开福特了。

你一定得想要，对想要的东西怀有强烈的欲望，而后就得为这个欲望采取措施。什么措施？

就是行动。从脚下起步，证明你对自己的能力是很有信心的。从现在开始行动。

功成名就的人士很多很多，有一位我想特别提醒各位关注一下，就是海伦·凯勒（Helen Keller）女士。她相信自己能学会说话，尽管小时候她失语、失聪，又失明。你们能想象吗？她听不到，看不见，不能说话。但是最终，她成了世界上受教育水平最高的女性之一。她对全世界的公事、民事及形势状况的了解，比绝大多数感官正常的女性多。这是很了不起的，而她依靠的全部手段只有震颤。别人跟她说话，她把手指放在对方的嘴唇上，靠指尖分辨对方在说什么——完全靠震颤。各位想一想，一位女性，一辈子残障，却从生活中获得了欢乐，还能有所贡献、有所助益，还能发表演讲。她学会了说话。她在做大事，而大多数人如果遭受其中一样苦难，想必早就路边卖铅笔、街头置锡杯——落魄不堪了。

我在富兰克林·罗斯福办公室工作时，每天在白宫旁边的宾夕法尼亚大道拐角处都会遇见一个人：他坐着，身前放个锡杯、摆几支铅笔。后来我和他熟了。他的两条腿废了，和罗斯福害的是同一种病，发病时间也差不多。我了解到，他的文化程度比罗斯福还高，可他现在待在街头，一个锡杯，几支铅笔，靠乞讨维持生计。而就在一个街区之外，另一个人位高权重，同样是废了双腿，却掌管着一个大国。而这个人呢，不但双腿废了，头脑也废了，自信也废了。

有时候，身体缺陷就像塞翁失马，祸兮福之所倚。这种福常教我们明白，失去一只眼、一双腿、一双手，人照样能活下去。只要我们面对现实，摆正心态，即便很多东西不具备，我们依然可以前行。这一点很重要。

要想有信念，就把心思放在想要的东西上，不去考虑不想要的东西。那么，现在该怎么做呢？

先翻一翻词典，查查"转化"（transmute）这个词，看看它是什么意思。你可能知道其大意，但还是建议你查一下，这样它会印在你的潜意识里。

不让自己去想不想要的，就是要把思想转移到真正想要的东西上，然后开始谈论想要的。如果已经拥有，那就表达感激。别人若是不懂你在做什么，听你说话可能觉得你很傻，但是，你在做什么你自己知道，所以，你觉得不傻。你是在对潜意识说话，对自己进行再教育。你把心思放在想要的东西上，不想要的不予考虑。要做到这一点，就得不停地说，不停地思考，不能不思考就说话（有些人可以，但大多数人不可以），要不停地叨念想要的东西。

自感消沉、缺乏勇气吗？我告诉你一个矫治的好办法。坐定了，拿个写字板，一条一条地写。一是写下这辈子你最想要的，二是写下你第二想要的，三是写下你第三想要的。写到想住什么样的房子时，就描述一下你想要的地段——想让房子建在山顶，还是建在马路坡下，或者马路边上；房子要有多少个房间；每个房间如何布置；等等。布置房间一定让你很快乐。这个比逛街看橱窗要好，因为你可以自由想象，不受局限。你逛街，只有两条腿，只能走那么远。你用头脑逛逛街、看看景吧，信不信，你一定能克服消沉情绪，让头脑转而去想一些有建设性的东西？教育潜意识，让它别走偏了。

我现在布置给大家的作业并不是犯傻。这不是滑稽搞怪，而是实实在在的作业。大家会从中得到真正的快乐。从现在做起，身体力行，有什么烦心事的时候，就写写你想要的东西。

不知何故，一个人一旦下决心要得到什么，并且是非得到不可，宇宙中的所有力量就会齐聚来帮助他，让他如愿以偿。我虽不晓得为什么会这样，但我知道就是这样的。在我看来，这就够了。世上有很多东西我能看到，有很多有利的因素我不明白却可以利用。我也不需要明白。我知道按哪个按钮能得到想要的结果，而从按按钮到产生结果中间的过程如何，我无须知道。如果你能依照这套哲学的教导去做事，你就能把握自己的头脑，得到想要的东西，让生活如你所愿。

其实，一个人可以不接受现状，可以按照自己的意愿一点点让生活给你回报。你们会问我是怎么知道的。这世上只有一个办法能让我知道，那就是亲身体验。我可以坦诚地告诉你们，这世间还没有什么我想要却得不到，或者不能轻松得到的。一件也没有。

此话和我多年前说的话一比，可谓语出惊人，大相径庭，因为那个时候，我还没学得诀窍，不知道怎样得到自己想要的东西。有一段时间，我口袋里揣着火柴，差点把我的"机会之家"给烧了，却不自知。后来，我扔掉了火柴，着手打造"机会之家"，家里面的东西和我头脑里画的图画一模一样，分毫不差。

普适信念是没有的。一个人必须有明确的目标、宗旨、目的，而后才能产生信念。信念是一种心理状态，有了它，心中自会消除一切恐惧和疑惑，凭借无限智慧的启发，朝着既定的目标前进。

信念是引领，仅此而已。它不会给你凯迪拉克、貂皮大衣、新房子、更好的工作，不会让你要什么客户就来什么客户，生意红火——信念不是干这个的，但它会指引你如何去做，你会发现你必须担当某个角色。人可以从地球的土壤里生产食物。我们吃的、用的、劳动需要的一切都来自大地——是一切。无限智慧巧妙地设定了机制，确保人类能够从地球的土壤里获得食物。你遵循自然规律，播下一粒种子，将它种进土壤，土壤经研究，确保它含有你想从植物里得到的东西。在合适的季节种下去，埋到合适的深度。所有这些事情需要你多付出辛劳，提前做。而后干什么？第二天回到地里，开始收获吗？

当然不是。要把握好时间，了解大自然的要求，才能把一粒麦种变成一株能产500粒或上千粒麦子的麦穗，要顺应自然规律。

信念和种麦子一样。你盼望得到指引，但你要尽自己那份责任，总要做些什么来彰显信念。如果你期待一切都是现成的，自己不动，即使有信念也没用。

信念大概是通过潜意识起作用的。为什么说大概呢？因为没有人确切地知道是否真是这样。这算是一个理论，因为没有更好的解说，我就用它了。信念大概是通过潜意识起作用的，潜意识是意识连接无限智慧的通道。你祈祷的时候，我想见的图景是，你要先对思想做一番调理——知道自己想要什么，而后把一幅清晰的图景传入潜意识。潜意识是你与无限智慧之间的媒介，是把门人，只有它能为你开启无限智慧的力量。在我的守则里，潜意识是进入无限智慧的唯一途径。也许这样讲不够确切，但就我而言，这个也算不错，因为我就是这样让信念通过潜意识发挥了作用。

培养信念

人们最需要什么？最需要自信——相信自己。现在，我们看一看培养自信有哪几个关键步骤。

以下几个步骤最为关键。首先，要有一个明确的主目标，用第一课讲的办法去实现它，这是建立自信的第一步。当你知道自己想要什么，并开始为之努力的时候，你就有了一定的自立能力，也展现了一定的自立能力。如果你不相信自己，你也不会起步。既已起步，哪怕距离追求的目标还很远，也说明你有了一点自信。你越是追求实现自己的想法，信念就越强。

其次，尽可能把9种基本动机和明确的主目标联系起来。换句话说，你有追求的时候，要尽量用9种基本动机来激励自己。

为了得到特别想要的东西，如外快，你开始谋划，着手制定一个多赚钱的方案。我的小儿子布莱尔六七岁时，想要一辆漂亮的电动小火车，要50美元。我们不想给他那么多钱，给了他50美元，就要再使用100美元给另两个孩子买礼物。我跟布莱尔说了，他说："噢，我没让你为我买东西。只想让你同意我买火车，我已经选好了，订单下过了。"结果，他买了莱昂内尔小火车，50美元。

第二天下了一场大雪，布莱尔向门卫借了把铁锹，上街打扫人行道。人们都出来了，跟他聊起来。他说："我想做件好事，把你们家的步道扫一扫。我看你们还没开始扫呢。如果你们愿意，那就太好了。"大家都给了钱，25美分、0.5美元，有时候是1美元，有个人给了他5美元。离月底还早，他就挣够了50美元，还多挣了10美元留着。孩子的妈妈认为不该叫他这么做：上街打扫人行道，有点丢面子。"你看，"我撇开丢面子不谈，"咱们这样培养孩子，他们已经明白咱们是什么人了。"我们是怎样做的呢？靠动机。

你把主目标的好处全列出来，每天把好处多想几遍，让头脑有成功意识。你知道吧，要想健康，就必须有健康意识。不管采取什么预防措施，如果没有健康意识，不从健康角度考虑，也不向往健康，那么不管你怎样做，你也不会是健康的。

成功也一样。你如果有恐惧情结、自卑情结，不敢想自己成功，没有培养一种成功期待或者成功意识，你就不会成功。如果主要目标是获得物质、金钱，那就想象自己已经拥有。将钱和物唤进意识，这一点极为重要，因为这时候，信念的力量就要登场发挥作用了。要是信念没有强到在你真正得到之前就想象自己已经得到，说明你没有真正运用信念。

联络赞成你也赞成你目标的人，请他们通过各种方式鼓励你。我指的是密友或者智囊团成员。对于不是绝对可靠、并非死党的人，不要透露你的目标或目的。有时候，你把想法透露出来，如果是好想法，他们会抄近道，抢先一步；你的想法你还没用，先被他们用了；要不然，他们会说些怪话叫你泄气。

不要虚度任何一天，每天都要朝着主目标踏踏实实地走。选一些成功者、自立自强的人做领跑者——为你定个步调，你不仅要赶上他，还要加速超越他。

我衷心希望、祝愿每一位走进教书行当的学员，下定决心，一定要超过拿破仑·希尔，而且马到成功。我当尽全力协助你们，发自内心地支持你们，帮你们实现这个目标。一个老师总想培养出超过自己的弟子，如此他才配得上"老师"二字。我就是要这样做，理由是：大家现在握有的有利条件比我刚起步时多得多了。也就是说，我们有条件帮助大家用比我当年少得多的时间，成就我当年无法成就的事。受过良好教育的聪明人不来听各位正在听的课，不把自己所学融入教书育人这份不错的工作里，真是可惜了。你们只要按要求去做，很快就会成为出色的教员，快到连你们都吃惊。

信念是行动中的积极心态。你的心态反映在你所说的每一句话里，却又比语言更有说服力。它是你在特定时间内思想的总和。积极的心态源于人的精神意志。有了积极心态这个媒介，不利也能转化为有利。

找到一些你喜欢的提示，把它们印在卡片上或者别的什么上，摆在你每天可以看到的地方，将它们占为己有。要让提示环绕四周，不管往哪儿看，都能看见某个物件提示你心态要积极。你到成功人士的办公室或家里看一看，你会发现他周围经常摆挂着一些他认为是伟人之人的照片，或经常会看到墙上挂有格言警句。

这类东西我见过不少。

我的朋友詹宁斯·伦道夫（Jennings Randolph）当时在华盛顿国会供职。走进他的办公室，只见墙上挂满了肖像，都是他尊为伟人之人的照片。他这样做，等于置身于伟人中间，生活在让他保持积极心态的环境里。

你可以从家、办公室做起，你在这些地方待的时间最多。也可以从每晚睡觉的地方——卧室开始，摆挂一点上床睡觉前能使你心态积极起来的东西，只要进屋，它就提醒你。这个好处大得很，你绝对想不到。

05
第五章

额外付出

接下来谈谈额外付出或者叫多出一分努力。额外付出是说除了做好分内事，还要多做、做得更好，既要坚持不辍，还要保持良好的心态。

当今这世上，失败失利太多了，其中一个原因是：大多数人连分内的付出都不愿意，更别说额外付出了。就算付出分内努力，他们也经常是一边付出，一边发牢骚，惹得周围人生厌。

哪种品性能最快为你争取机会呢？我个人以为，是不遗余力帮助别人、为别人做好事，唯此无他。帮别人、做有益的事，在生活中可以做，无须征得别人允许。你可以不断提高服务水平，想方设法做善事。你是工会会员也不要紧。工会不想叫你砌1000块或1200块砖，尽管你能轻而易举地做到。这个问题也有办法解决。你入了工会，自然要遵守规矩，但是，没有规矩阻止你工作时心情愉快，喜笑颜开，没有规矩阻止你被某个人注意到。如果此人愿意给你一份更好的工作，到时候你就不必遵守工会的规矩了。你这样做，谁挡得住呢？

其实，你应该这么认识：如果不养成多付出一分努力的习惯，尽可能让自己成为一个不可或缺的人，你就永远不可能自由、不可能自主、不可能做到经济独立。只有加倍努力，分外加倍付出，而且是心态端正地加倍付出，才能让一个人在别人眼里不可或缺。除此之外，别无他法。

心态很重要。多付出一分努力就抱怨，是不大可能得到丰厚回报的。

大自然的范例

我强调额外付出这一原则，根据何在？根据经验，是我观察环境、观察自然所得。任何时候，你只要遵循自然的规则，便不会走偏出错，反之，你认识不到自然的处事方式，不顺应自然，迟早会遇上麻烦。宇宙运行自有一整套方法，随便你叫它什么都行，其实就是一种安排，一套自然规律。每个人需要发现自然规律，调整自身去适应它们。

如果说大自然中有哪件事情不同凡响，那就是大自然要求每个生命必须多付出一分努力才能获取食物，才能生存下去。要不是有"额外付出"这条法则，人类活不过一季。举个例子，农民去地里播种时，撒下一粒麦种，然后他做什么呢？他要把握时机。

把握时机很重要。你今天提供了价值100万美元的服务，不要指望明天就去银行领支票。这么说吧，你一开始提供了价值100万美元的服务，或许要等上一段时间才能得到认可。你在等待认可的过程中，额外付出很可能是得不到报偿的。也许你要额外付出很长一段时间之后，才会被人注意到。

不过，始终要操点心。如果额外努力付出了很久，该注意到的人却没注意你，那你就要四下看一看，一定要找到那个应该注意到你的人。也就是说，如果现在的老板不认可你，迟早你把他给炒了，让他的竞争对手知道你提供的是什么水平的服务。前进路上你需要一点儿竞争。

回报递增定律

人有动机才会接受规则，才会做事。我在此为额外付出列几条理由。

据我所知，额外付出努力的一个最充分理由，就是它背后的回报递增定律。回报递增定律的意思是说，你得到的要比付出的多，不管是善、是恶，是积极，还是消极，这是自然定律的运作之道。不管你付出了什么，对别人或者为别人做了什么，不管你从自身贡献了什么，它都会加倍回报你。没有例外。

同样还是时机问题。回报并不总是迅速发生，有时候比你预计的时间还要长。但可以肯定的是，你发出的是负面影响，这负面影响迟早要返回来。届时，你可能也弄不清怎么招惹了它，但它一定会返回来，不会放过你。回报递增定律是永恒的，自动起作用，始终有效，就像万有引力定律一样，无可阻挡。世界上没有人可以规避它，或者让它暂停一会儿，它无时无刻不在起作用。

回报递增定律意味着你只要不遗余力地做多、做好，得到的回报一定会多于付出，因为最终回报递增定律会起作用。例如，你干活拿工资，回报递增定律用额外报酬、担负更大责任、晋升、机会或者自主创业等增加回报。回报方式有 1001 种。

很多时候，报偿不是从你为之提供服务的源头返回的。即便你为比较贪心的买家或雇主提供服务，也不必顾虑太多。因为向谁提供服务不重要，只要本着良心和善意去服务，持之以恒地做下去，就不可能得不到回报。

早年有一件事令我困惑。开始验证这些定律时，我注意到，我为很多人提供服务，但他们连个谢字都不说一声。我曾经让很多人免费听课，结果呢，几乎每个人都给我找这样那样的麻烦，从这个课程中受益的没几个。你看，想不劳而获的人，也很难逃脱惩罚。这就是回报递增定律。

你在运用这个定律时，不必太挑拣应用的对象。其实，凡是你接触的人，你都可以把这定律运用一番，不管是谁，生人、熟人、生意伙伴、亲戚都行。凡是有机会接触的人，不论以何种方式接触，你都要把提供有用的服务作为你的本分。

服务的质与量

要拓展你在这个世界占据的空间，唯一的办法是靠提供质优量大的服务。（此处所谓占据的空间，不一定是物理空间，也可以是思想精神空间。）服务的质与量，加上提供服务所持的心态，决定了你的人生能走多远，生活给你多少回报，你享受生活的深浅，内心平静与否。

提供服务还能招引贵人青睐，给你提供晋升的机会。走进任何一个机构，稍加留心，你就会很快弄清楚哪些人格外努力。他们知道能获得提拔的是他们，不用去伸手要，完全没必要去伸手要，因为老板想找的就是加倍付出努力的员工。多付出一分努力往往让一个人在众多人际关系中成为不可或缺者，因而得到的报偿也比一般人多。

行善的快乐

额外付出努力对人的内心也有助益，让人感觉舒服。倘若这世上没有其他理由让你做额外努力，我想说，单单这一个理由就足够了。生活中有很多事情让我们产生坏情绪，经历不愉快。行善你是可以做的，并且总能给你带去愉悦感。你可以回想一下自己的经历，我相信你一定记得，自己做善事的时候无不是满心快乐。也许对方受益却并不领情——这个不重要。就像爱情，单相思也是一种权利，你的爱是否得到对方的回馈，是无所谓的。你已经从爱的情感本身受益。

额外付出原则也是一样。它会给你更大的勇气。你只要挺身而出，让自己对他人有用，就能消解多年来郁积的压抑和自卑情结。

你殷勤待人，为人做好事，对方因为没想到，会用一种猜疑的目光看你，似乎在说："你为啥要这样呢？"这时候你不必大惊小怪。你努力帮别人时，有些人会感觉有点意外。

多付出一分努力还能使身心成长、完善，继而在所选择的职业中培养更强的能力和更高的本领。不管你这一生做什么，是教这门课、开讲座、做笔记，还是在岗工作，你要立下决心，每一次只要做，一定要比你之前做都要下功夫。换句话说，就是要不断挑战自己。如果你照此努力，你会发现自己长进得很快、很猛。

我这辈子，每次做讲座都想着要比上一次讲得好些。虽有时候做不到，但是有这个意识。不管听众是谁，这一点不变。小班课、大班课，我都一样投入精力，不单是因为我希望对学生们有帮助，还因为我本人也想成长、想提高。成长靠什么？靠努力、靠奋斗、靠发挥自身的能力。

从对比法则中获益

额外付出努力的习惯也能让你从对比法则中获益。你有没有想过这个？不用你广而告之，它自会广告，因为你周围的人大都不会额外付出努力。倘若每个人都能够额外付出努力，那这个世界会变得多么美好啊！不过，那样一来，竞争会很激烈，你就不可能像现在这样利用这个原则了。不必担心，那种竞争你遇不到的。我可以保证，你肯定是别具一格、不同凡俗的。

有时候，一望便知，与你共事或者和你有交往的人连本分都不想尽，更别说做本分之外的事了。他们也不会喜欢别人那么做。难道因为他们不喜欢，你就向隅而泣、束手不干、重蹈覆辙吗？

当然不能。获得成功，是你个人在世间的责任，由你全权负责，不能让别人的想法、反应或观念挡了你的道。对待别人理当公平、公正，但除此之外，你不必让他人的看法、意见阻碍你成功。阻挡我成功的人，我会让他有朝一日对我刮目相看，希望你们也能有同感。盼你下定决心：要将这些法则、定律加以应用，不允许任何人阻止你这么做。

养成积极心态

额外付出努力还可以养成积极良好的心态，这是好性格的最重要特征，确切地说，它是好性格的首要特征。

你可以轻易地改变大脑的化学反应，让自己由消极变积极。怎么做呢？办法是进入积极的心境，在此种心境下，你希望为他人做有益的事情，而不会一手为人提供服务，另一手从人家口袋里往外掏东西。之所以要做，是因为做了有益处，你懂得，除了拿多少钱干多少活之外，如果你多做、做得更好，你获得的回报终将超过付出，而且这回报别人也给得心甘情愿。这就是定律的运作之道，这就是补偿定律，它是永恒的定律。什么都不会忘记，巨细无遗，因为它有一套神奇的记账系统。各位尽可相信，你在怀着正确的心态做贡献的时候，也在某个地方积累了功德，迟早它会加倍返还给你。

习惯于额外付出努力，也常能培养出敏锐的想象力，因为它要人不断寻求新的、更有效的途径提供有用的服务。你环顾四周，看看在哪些地方，用哪些方法、手段能帮他人找到自己。在帮他人找到自己的同时，你也找到了自己。

乐于助人好处多

遇到问题或不愉快的事，不知道该如何解决，各种方法试了都不管用，这时候有一件事你可以做，如果做了，不但能解决问题，还会收获一条重要的教益。

什么事你可以做呢？是去找一个有同样问题或者比你的问题还大的人，即刻开始帮助他。注意，此举可以打开心门，让无限智慧进入头脑，送给你解决问题的办法。

此举为什么管用？我不知道，但我知道它的确管用。为什么这么肯定呢？因为我本人试过成百上千次，也看过我的学生试了成百上千次。就这么简单！

我不知道它对你有什么用，也不知道它为何管用。生活中有很多事我们不知道。有些事情你是知道的，却没怎么管过、做过。此事就属于我不知道却管过、做过的事。我遵照这个法则行事，是因为我知道，如果我需要自己的思想开放，收获机遇，最好的办法就是看自己能帮助多少人。自从接受了这套理念之后，这条法则我从来没偏离过，从来没有。（之前我偏离过，但也没有偏离得太远。）大家请环顾四周，看看哪些人需要你帮助，然后就行动起来吧。

上周我和斯通先生去了奥扎克学校（School of the Ozarks）。我在那儿找到了一个让我的精力有处使、可以额外付出努力的绝佳机会。我决定，"把这套思想理念带给山区的孩子们。我们打算把这个课程捐赠给那所学校，我还要亲自执教，至少第一堂课由我来上"。

校方知道了我的想法后非常高兴，他们估计这个课程要花很多钱，他们付不起。我想："给那些贫穷的孩子提供一点服务，我收到的回报绝不是金钱能买来的，想想拿破仑·希尔当年的样子，比他们还惨。我很清楚这套思想理念会给孩子们带来什么，我要让他们学到它。"

　　这是我和斯通先生的共同决定，没人知道我们做了这个决定。后来，该校的一位主要捐助人找拿破仑·希尔合作社协商，他为学校建校舍捐了几十万美元。他想让他的800名员工上我们的家庭研修课。

　　顷刻间，我的付出就得到了回报，而且是非常丰厚的回报！不仅如此，这人还是美国彭尼公司（J. C. Penney）的大股东。商谈未完，合作社不仅招来了他的800名员工，还有彭尼公司的无数员工等着来听课。

　　我们不是去那儿找关系的，去那儿只是想找机会为孩子们传道解惑。我们是本着很端正的心态去做这事的。回报立竿见影。你看，当一个人习惯了额外付出努力并且为帮助他人额外付出努力时，他就能如此神速地改变自己的生活。

培养主动性

　　这样做也能培养个人主动性，使一个人养成习惯，留意周围有哪些有益的事可做，不用别人说就主动去做。拖延症这老家伙是一个老赖，很让人讨厌，世上的很多麻烦都是它惹出来的。人们经常把前天就该做的事拖到后天。我们都有这个毛病，每个人都有。我也没彻底摆脱它，但比几年前好多了。

我现在能找到很多事做。为什么找事做？因为做事可以获得快乐。任何时候，你只要多付出努力，就会从中得到快乐，不然，你还愿意额外付出吗？

增强目标的确定性

有了额外付出努力的习惯，就会在别人心中建立信任，让别人相信此人真诚、有能力。这个习惯还有助于廓清目标，目标不明确，就不可能有成功的希望。仅此一点就足以说明这个很重要。它给了你一个目标，这样你就不会像无头苍蝇一样到处乱撞，兜兜转转，出去时两手空空，回来时还是空空两手。目标之明确，就来自额外付出努力。

额外付出的习惯还能将工作变成乐趣，而不是负担，让人爱上它。如果你从事的劳动不是你热爱的，那么你是在浪费时间。我个人觉得，世间的一大快乐就是可以做自己最愿意做的事。

快乐

当然，你额外付出努力的时候，恰是因为不是非做不可，所以才叫额外付出。没有人期望你干，也没人要求你做。老板肯定不会要求员工额外付出劳动，可能偶尔会请他们帮个忙，但不会经常这么干。所以，额外付出努力是你主动而为，它为你的劳动赋予了尊严，哪怕你是在掘地挖沟，因为，你是在帮助别人。这尊严能消除劳动带来的疲乏和不适。

我告诉大家，我熬夜，经常工作到午夜甚至更晚，但我一点也不觉得辛苦。熬夜是我的主意。我只是发挥个人的主观能动性而已，不过，从中收获了极大的快乐，也得到了回报。

你在何种情况下运用过这条原则，给你带来了极大的快乐？有人可能说，是结婚。你追求心仪的女孩，或者被爱慕的男生追求时，多少回辗转反侧，夜不能寐，妙哉！你要是能像对待恋爱一样，对待职业或业务中接触的人，效果肯定差不了！

我们就要这么干。先从家里开始，从生活伴侣开始。各位有所不知，经我点拨，无数夫妻再度蜜意柔情，消除了多少龃龉、争吵，省下了多少花销。

这可不是玩笑话。我说这个是认真的，这世上可以额外下功夫的一个最佳场所就是家庭。不过，要注意，你用到老婆身上不可操之过急。我的一个学生就急了点，立即办，让他老婆心里起疑，还雇了私家侦探白天黑夜盯梢。后来，他发现他的老婆在监视他，就过来问我怎么办。到底是怎么回事呢？原来，他去商店买了几件漂亮的衣服——是那种很多年没给他老婆买过的，一瓶精致的法国香水，还有一大束鲜花。突然一下买得太多了，他老婆认为他一定是犯了事，想弥补一下。

推销话术

当你准备对谁额外付出的时候，可以正式和他们谈一谈，用一点"推销套话"。告诉他们你已经转变了态度，希望相互达成一致，今后都要改改态度。"咱们都各自加把劲，换一个平台和谐相处，咱们一定会从中获得更多的快乐，内心更平静，生活更幸福。"今晚回家，你就把这番话跟你的伴侣说一说，有益无害。

至于生意上的那个人，跟你的关系一直不太好，你就明天早上一脸微笑地去找他，上前一把握着他的手说："伙计，从现在开始，我盼望咱们两个愉快合作，你说呢？"这个没用吗？肯定有用的。不信试试看。

这世上，有一样东西的破坏力比别的东西都大，它就是"傲气"。别怕委屈了自己。只要能一劳永逸地改善人际关系，即便委屈一下自己、丢点面子，也不必担心。

让别人背负人情债

最后，只有额外付出努力，才有资格要求升职、加薪。你前一段时间额外付出了努力，除分内工作做好之外，你还做了很多，不然，你跑到雇主那儿要求加薪、升职，说不过去啊。说白了，如果你是给多少钱干多少活，只做分内事，多了不干，那也就该给你多少钱就给你多少钱，是吧？从这一点看，应当先主动多付出一些努力，让对方受你的恩惠，背上人情债，以后你再向他索要恩惠。你多付出一些，欠你人情债的人多了，等你需要帮助的时候，不论求到谁，总会有人伸手相助。比方说吧，我现在是不需要借 1000、5000、10 000 或 25 000 美元，如果真的要借，至少有六七个地方可借。只要我打一通电话，钱就会送到，甚至不用我张口提借钱的事。为什么？因为我和他们有交情，我帮过他们，他们欠着我的人情。我认识十几个白手起家的百万富豪，他们欠我的人情多了。我想问他们借 25 000 美元，他们怎好意思不借？当然，我不会这么做，但我知道我有这等信誉，这不是好事吗？希望你们在别人面前也能树立起这种信誉，我愿意支招，教你们做到这一点。

大自然的额外付出

我们观察大自然可知，额外付出、多一分努力这条原则不虚。前面说过，自然生产万物满足自己需要，另外多产一部分冗余以备不时之需和浪费，如此实行额外付出。例如，海中的鱼——不只是繁育充足数量的鱼延续该物种，而是繁育充足数量的鱼，让蛇、鳄鱼吃掉一部分，鱼自然死亡一部分，剩下的鱼仍然够延续这个物种。可以说，大自然在额外付出上一点都不吝啬。当然，大自然反过来也要求各种生物做额外的付出。大自然为蜜蜂提供诱惑满满的花蜜，补偿蜜蜂为花朵授粉付出的辛劳，而蜜蜂要想采到花蜜，就得先辛勤传粉。

你可能听说过：空中鸟、林中兽，不纺线、不织布，从来吃喝两不误。但是，你仔细观察野生动物就会发现，它们没有不劳而获、不动而获，一定得先干点事，再填肚子。例如，一群在玉米地盘旋的乌鸦，必须有组织，要结队成群，有放哨的，有送暗号互相提醒的，在安全觅食之前，它们一定要做大量的教育培训。

同样地，大自然也要求人类额外付出努力。一切食物都是从地里长出来的，想要获得食物，就得播种。人不能完全靠大自然提供现成的东西过活，一定要在地里种粮食。先开垦一块地，耕地、耙地。为了防止鸟兽侵害，还得围起栅栏。这些需要人类付出劳动、时间和金钱。所有这些还必须提前做完，不然就吃不上饭了。

大自然要求每个人额外付出努力。如果我把这个道理讲给一个农民听，他一准相信，因为他一辈子每时每刻都清楚，自己不多操劳、多下力气，就没得吃、没得卖。开垦土地，撒下种子。选种也要小心，保证种子好、能发芽、能开花、能结果。把种子埋在土里，埋到合适的深度，而后为整个种植过程掐点把握时机。

我想强调一下把握时机的重要性。一名新员工刚上岗工作，一上来就额外付出，很拼，随即要求拿最高的薪水、干最好的差事，这样行吗？不行。一定要先立名、树声誉，要让额外付出的努力得到认可，然后才能提回报要求。你若是摆正了心态多付出一分努力，根本不需要论贡献、讲报偿，因为那报偿会不请自来，升职、加薪水到渠成。

补偿法则

世界上的一切事都是按照补偿法则安排妥当的，对此，作家爱默生（Ralph Waldo Emerson）做了充分的描述。可以说，大自然的预算是平衡的。万事万物总有其对立物。每个能量单位的正负相对，白昼黑夜相对、冷热相对、成败相对、酸甜苦辣相对、幸福痛苦相对、男女相对。在万事万物中，我们看到了作用与反作用定律：只要有作用，必有反作用与之对应。一个人的所思所想、所作所为，无一不引起反作用，不是作用于他人，就是作用于自己。实际上，你把某个想法、意念表达出来，它不会就此完结。你表达的每一种想法，哪怕是无声地表达，它都会融入你的潜意识思维。你在潜意识里积攒的消极想法多了，整个人就会显得很消极。你若习惯于只产生积极的意念、想法，你的潜意识也会总体表现为积极，你想要的东西会被吸引到跟前。整体表现消极，就会拒斥你想要的，只能招引来你不想要的。这也是自然法则。

我知道一些培养潜意识吸引自己想要的、拒斥不想要的好办法，其中一个办法就是额外付出努力。一个人忽视构建、运用"额外付出努力"这一原则，便不可能实现个人成功，也不可能做到经济独立。大家可以把这当作一种确定的事实来接受。

我有幸观察了成千上万人，有些人运用了这个原则，有些人没有。我也有幸了解到他们的情况。毋庸置疑，没有养成额外付出努力习惯的人，在生活中无不是表现平庸。事实正是如此。假如有一个人没额外付出努力就登上了人生巅峰，我一定会说：绝不可能，我敢说没有例外，因为我从未见过那样的例外。根据我的个人经验，我可以十分肯定地告诉大家，我所得到的重大利好，无一不是通过我本人额外付出获得的。

我最初采访卡内基先生的时候，他给了我三个小时，之后又要求我再待三个整天。我不是非留不可。三天三夜，我负责的杂志不给我一点儿报酬。而就是这三个小时，我得到了我想要的全部——卡内基先生的故事。

我待了整整三天，也没把握是否能拿到足够的报酬，但是，我待了三天，而且还是心情愉悦地待了三天，给卡内基先生的印象颇好，他认定我应当向世人宣讲他的理念。我觉得，这报酬相当丰厚了。

我可以给各位举很多例子来说明这一原则，也请你们自己举一些例子。不一定就是安德鲁·卡内基、托马斯·爱迪生、亨利·福特，或者拿破仑·希尔。拿擦皮鞋的男孩或者别的什么人做例子也可以，只要是靠额外付出辛苦，成了事、有作为的，都可以拿来做例子。

我过了很长时间才意识到，要是对其他人讲得太多了，会吓跑很多人，因为人家并不渴望成为亨利·福特、托马斯·爱迪生，人家只想做普通人，钱够花，能自立，不依靠谁，身体健康，内心平静。所以，对不想出人头地的人，就不要讲那些让他们望尘莫及的例子，不然会让他们害怕。

你用拿破仑·希尔这哥们儿做例子，不知道你是否听说过，此人不求回报，为世界上最富有的人勤勤恳恳工作了 20 年；至少他父亲和兄弟们是这么认为的。他的所有熟人（继母除外）都说他替世界上最富有的人干了 20 年活，没有报酬，太傻了。他还坚持这么做，简直没了理智，一定是傻了。

终于有一天，拿破仑·希尔不用向卡内基要差旅费了，他自己付得起钱了。不需要卡内基先生了。这算成功吧？

拿破仑·希尔刚起步时，要靠介绍信来认识人。后来，他不需要卡内基先生写介绍信了。他可以自我引荐了。

这就是我要你们做的。我想让你们自己拿主意，这样，做事情就不需要他人的帮助。等你能够独当一面，做自己想做的事的时候，就是回报到来之日。不管别人是否想让你做，是否愿意帮你,你都可以我行我素。我觉得,这种感觉是最美妙、最愉悦的。我想做的,我就做,不用征求别人的意见,包括我太太。(实际上我会征求她的意见,我们关系很不错。)要把自己弄到这个境界,有很多方法、手段。

机会

据我了解,在我做的这个行当里,还没有哪个作者能有我这么多的追随者,也没有哪个作者和我一样跟追随者的关系这么好。

我和学生的关系是极好的。这不仅有益于他们,也有益于我。我喜欢看到大家来我的课堂上听课,原因就是这个。即使他们看过我的书,熟记了书里的内容,我还是希望他们能来现场,感受一下拿破仑·希尔备课之精心,感受一下他的热情和信念,并有所收获,因为这些收获会扎根于心,不断成长,最终融入他们的性格。

我有好几百万跟随我的朋友,这套哲学理念让他们受益匪浅。老实说,我并不知道是几百万,但我知道《思考致富》在国外已卖了1300万~1400万册。我们估计,每卖出一本,至少有5个人阅读。这样,国外读者就有7000万人,天知道《思考致富》在美国国内有多少读者。在加州,有人做过一项调查,发现每三个人中就有一个人是拿破仑·希尔的追随者,买过或在图书馆读过他的书。我们对美国各大图书馆做了调查,结论是《思考致富》一开始就排在各类书籍排行榜前头,现在仍然如此。

我无须对我讲的多加解释,也无须对大家说我不是在吹牛说大话，因为我是什么样子，大家将来会变成我现在的样子。我只是在引导大家认识到这套哲学理念中包含的良机。它不仅能帮这个世界，也能帮你，因为，在你走入世界，在人们心中占据更多空间的时候，也会在自己的心中占据更多的空间。

我的书很抢手。我尚未动笔，就能联系到我选定的任意一家出版社签约出版我要写的书。以前，我还没有到这个令人艳羡的地位。卡内基先生把这个机会给我时，我没足够的理智拒绝它，我兄弟说，我应该拒绝。我一直怀疑他劝我拒绝的动机有些自私，因为之前我说过，我俩在乔治城大学（Georgetown University）法学院读书的学费由我来出，而这下他只能靠自己了。他要熬两年才能继续读大学，但他还是硬撑着读了下去，自己赚学费。我觉得，这是他人生的一件幸事：自己挣钱上学，不靠我交学费。他从没跟我说过，但我始终感觉，这对他来说是一件好事。

然后是我的广播节目。大家可以想一想，搞个广播节目，把它推上全国几大台站之一，在没有任何造势宣传的情况下，一炮打响，深受欢迎，这样的事还从未有过呢。做广播的业内人士一定会跟你说，这根本不可能。很久以前，我把"不可能"三个字从我的词典里删掉了，一开始我也认为这绝对不可能。我这个节目上了美国洛杉矶几大电台之一的KFWB电台。从1947年开播到1950年结束，3年时间，不分春夏秋冬，没有假日，这是广播行业的规矩。我这个节目领先该电台的其他节目。我遇到过一些竞争，还相当激烈，真的。

何以见得节目不错？不能只从听众调查得出结论。电台打电话联系了很多人，他们算的是平均数。我们不是乱想胡猜，因为邮件量才是决定性因素。我认为，每个广播节目平均收到 657 条反馈。KFWB 电台的人告诉我——我也在其他广播节目里求证过：如果 1 个人写信，就大概会有 1000 个人收听但不写信。按这个计算，每个周日下午应该有超过 65 万听众收听我的节目。

这个节目为什么在没有造势宣传的情况下可以领先其他所有节目呢？有哪些因素造成了这个现象？

第一，我之前一直在打造一个巨大的信用账户，我有能力一上来就取得这样的结果。第二，在我前往加州之前，我的书已经在那里广泛发行。第三，可能也是最重要的一点，这个节目没有竞争对手——它讲的是听众的个人成功史，市场上没有同类节目。你跟别人谈让他人生更成功的时候，用不着耍聪明，也不必刻意渲染气氛，你只要给出他可能用到的信息，他就会一直听下去。

这就是节目成功的原因。这就是你从这儿走出去之后，这套哲学理念让你大获成功的原因。因为它很有效，人们需要它。没有哪个人成功了，不盼望更成功的。

你额外付出的机会有了。我是先从一小群人开始的，哪怕是家里或单位的三两个人都可以。我给大家讲一课，大家回去在某个人身上试用一下，看看如何，会产生什么效果，你一定想不到。别在意自己从中得到多少，重点是行动。如果找不到试验的对象，就在老婆、老公、孩子们身上试试看。你可能得把它搞得浅显点，用孩子们能理解的语言讲给他们听。不过，你只要是向别人诠释这套理念，你就是在为自己努力。你会发现，只有把它传授给别人，你才能很好地理解并运用它。到那时，你才真的是在成长。我从 1928 年开始一直积极传播这套哲学，所以我一直在成长，传播过程也让我很享受。只要活着，我就不断成长，因为我一边成长，一边看别人在我的影响下成长，这令我喜悦万分。

内心的平静

还有一个小事，不可不提，就是内心的平静。这平静是我从 20 年的额外付出中得到的。

各位知道这世上有多少人愿意连续 20 年做一件事却不求回报？同样，你知道在不确定是否能得到回报的情况下又有多少人愿意连续 3 天做一件事？

你会惊讶地发现这种人几乎没有。这实际上是把一个人可能把握的一个最佳机遇给漏掉了，特别是在美国，人们可以按照自己希望的方式创造自己的命运，表达个人的思想。言论自由、行为自由、教育自由——这是多好的机会啊！你可以立即出发，朝着你向往的方向大步向前！可是，大多数人没有这么做。而这对你来说是一件大好事、大便宜，倘若大家都成功了，也用不着你来当老师了。

另外，我在整个职业生涯中，从未遇到过有哪个时代像今天这样，为这套理念畅行于世备足了条件。现在，世界各地的人们被畏惧、挫折、失望、自卑感折磨得好苦，这主要是政局不稳等诸多因素造成的。今天的政客们互相攻讦，十分下作。这样的景象我以前没见过，说明这个世界病人很多。所以，各位，你们就是医生，有很多病号要看呢。

我觉得，这个时代没有问题，但造就这个时代，需要这套哲学思想降临于世间。我经历过这样一段时期：关注自身缺点的人不多，因为他们富裕，日子过得滋润，无困难、麻烦可言。而今，差不多人人有烦恼，或者自认为有烦恼。读赫斯特（Hearst）出的报纸，会有一种烦恼；读《每日新闻》（*Daily News*），又会有另一种烦恼；读《论坛报》（*Tribune*），会有各种烦恼。读了报纸，你会觉得这个世界的问题、毛病真多。

其他人的毛病，我不想挑。我只想找见我能做的事，去纠正一下站在这儿的这个人的毛病。我和他吃在一起、睡在一起，每天早上给他洗脸刮胡，有时候还给他洗澡。我为了他付出多少心血，是你们想象不来的。我和他24小时形影不离。于是，我投入时间提升自己，还想用写书、演讲、教学等方式也让我的朋友和学生们有所提高、有所改善。这种收获比我每天捧着报纸看谋杀案、离婚纠纷，看满篇添油加醋的故事收获的价值高多了。

讲台上站着的这个人，当年理智不够，没有拒绝卡内基先生提出的让他白干20年的条件。不过，在他看来，自己的晚年会是幸福的，因为他已经在别人心里播下了善良和助人为乐的种子。

倘若生命可以从头再来，我还会如此这般生活，还会犯曾经犯的错误。不过，我会早点犯错，这样就有足够的时间纠正部分错误。我会在人生垂暮时，获得内心的平静和通达，因为人年轻时能担得了麻烦，接得住它。但是人生过半，开始走向夕阳时，精力和脑力就没那么充沛了，不能再像从前那样吃苦耐劳，也没有多少年头可以纠正犯的错了。

人到暮年拥有我现在拥有的安宁、内心的平静，是这套哲学理念带给我的一大喜悦。你要问我获得的最大报偿是什么，我会说就是它，因为很多与我同龄甚至比我年轻得多的人，没有找到内心的平静；永远找不到，因为他们找错了地方。他们自己不作为，指望别人代劳。内心的平静必须是亲力亲为的，要自己争取。

我认为我的力作还没出版。我已经写了三四年了，迟早要出版的。这本书主讲的就是获得内心平静的方法。书名就叫《如何获得内心的平静》（*How to Get Peace of Mind*）。这本书我并没有执笔写，我是亲身体验出来的——体验了40多年。如果没有找到自我，没有找到获得内心平静的窍门，我是写不了这本书的。

务必要找寻内心的平静，不要在常人找寻的地方找——常人是在花钱买来的欢悦中找，在名利的欢悦中找，你要在自己内心的谦恭里找。

我的心墙似天高，我一般是在心墙后面找得内心的平静。我常在那儿冥想，一日数回。心墙背后才有真正的平静。我可以退缩在心墙后面，除却一切尘世影响，和宇宙中更高级的力量交流。此事甚是美好，任何人都能做——你们也可以。一旦把这套哲学融会贯通了，你就能够做到你想做的任何事，像我一样，甚至比我更厉害。

我希望，我培养的每一位学员最终能在各方面都超越我。也许你们会继续我未竟的事业，写出更好的作品。怎么不行？我没在书中、课上给出定论啊！我其实是一个学生，自以为还算聪明的一个学生，但也只是一个学生而已，还在求学的路上。我唯一的优势就是真正找到了内心的平静，知道怎样获得它。

你们向别人传授这套哲学理念，提及这个问题的时候，需要举很多例证阐释其意。刚才我讲自己的那些话可以随时派上用场。大家对我知根知底，相信我说的都是实话。如果有人质疑这一点，总有充分的证据证明我没有撒谎。

从教学角度看，这些个人实例具有很强的说服力。你向别人解释某个东西是怎么回事，你知道它就是那么回事，因为你或者别人做过了，给人印象比较深刻。你若是跟别人说这事是怎么怎么，但不说明它的机理运作，别人会将信将疑，只能把你说的话当作一种观点接受，而不一定当作事实接受。

我给大家举的例子都是我观察到的实例，大家可以随意选择使用。

一个作业

现在我给大家留一个作业：每天至少在一件事上多付出一分努力。你可以选择适合自己的事。如果你只是给熟人打个电话，祝他好运，你只需要花一毛钱。如果你有朋友有一段时间没联系了，你突然打电话给他们，只是说："嗨，我一直挂念你，想着你。只想打个电话，问问你过得怎样，希望你和我过得一样好。"随后发生的事，一定会让你惊奇。

此事对你和你朋友的影响，你想不到。这个朋友不一定是密友，甚至不一定是你认识的人。你可以不认识他，但是你想了解他。一个雨天的下午，我在华盛顿的办公室接了一个电话，是一位女性，声音十分悦耳动听。她问我："希尔先生，我想跟您约会，恳求您能答应我。"

我说："那要看在哪儿，什么时候，为什么约。"

"我想让您到伍德沃德与洛思罗普（Woodward & Lothrop）百货公司男装部来。我有件东西想给您瞧瞧，您见了一定高兴。您就来一趟吧！"

我说："我很快就到。"

我十分好奇。当然啦，她定的约会地点好像挺安全的，真要出点什么事，店里肯定有人保护我。我赶到那里，店内还有一个客人，她正向他推销雨衣。那天下雨，她就是卖雨衣的。离开商店时，我不仅买了一件雨衣，还买了一套衣服。我和她并不认识，但她的声音特别有魅力，我想认识她。

大家知道了吧，电话销售现在成了最重要的销售手段。通常情况下，你并不认识电话那头的人，但是，你在你的声音里掺入了那种东西，你对他说的话就创造了联络接触的机会。

大家看，我说你可以给陌生人打电话，没说错吧？当然，你得有动机才行，还要让对方心悦诚服地接受你的动机，不然，你给陌生人打电话也不会有什么结果的。

还有一个办法可以额外付出努力——帮朋友代班半个小时，或者在邻居外出观影时帮他带带孩子。你可以给一个邻居临时看孩子，反正也是在家里待着，你自己可能也有小孩。你可能认识某位邻居，他正好想去看电影却脱不开身。我知道孩子们闹腾，有可能跟你的孩子打架，但是，如果你确实有手段，你会把他们分开。邻居会感激你，你会觉得自己人好心善，帮了别人，要不然他一点空闲也没有。

多数家庭主妇是没有工资的，不分白天黑夜地忙活，什么样的难事杂事她们都得管。我觉得，她们从生活中获得的不多，特别是有了孩子以后。你们当中一部分人还没有孩子，你要是说一句："要不你和你老公去看场电影或演出吧，把孩子交给我，我给你们看着！"岂不是很妙？多数人肯定有这样的邻居，你可以用这个办法跟他们套近乎。

重点不在于你为别人做了什么，而在于找到额外付出努力的方式和手段，为自己做了什么。大家知道，生活中的成与败都是由很小的事情累积成的，小到经常被人们忽视。忽视成功的真正原因是制造成功的那些事太小了，微不足道。

有些人很受欢迎，不可能树敌，他们也不可能有敌人。我的生意好伙伴斯通先生就是这么一个人。我感觉他不可能有敌人，绝不可能。他对别人太体贴入微了，特别用心，不怕麻烦。说额外付出努力，他额外付出的不是一份两份，而是很多很多份。看他多成功啊！看看有多少人愿意为他额外付出。有好些人为斯通先生做事，就算没赚到很多钱，他们也乐意，甚至倒贴工资为他工作也行。这是我听一个人说的，他为斯通先生工作，已经家财万贯了。他的原话是："如果为他工作没赚到钱，我愿找钱给他。不为别的，只为和他合作共事。"

斯通先生与你、与我、与其他人没什么不同，只是待人待己的心态不一样。他喜欢多付出一点，有人常利用这一点亏待他。这个情况我也是见过的，但斯通先生并不是很在乎。他对什么事都不在乎，他早就知道怎么自我调整去适应环境，从生活中、从别人身上获得极大的快乐。

你也可以给熟人写信，鼓励鼓励他。工作中，你可以在完成分内任务的基础上多做一点——加加班，逗逗同事开心。你准备讲这门哲学课时，可以每周加一个新学员到你开的免费培训班上，直到满员，以此为自己打下良好的基础。免费班说不定就成了你收益最大的服务项目。

多说一句，这是一个教师培训班，我想在隐退前，培养出至少 1000 名教师。我不打算一人承包所有的培训，我希望在这个班上听课的很多人承担下一届学生的培训工作。这对于你们来说是一个绝好的机会，可以吸引一些人走进这套哲学。你们可以把一个无与伦比的好机会送给他们。

06
第六章

好性格

现在我想向大家介绍这世界上的一个奇人，此时此刻，这个人就坐在你的座位上。如果你按照塑造好性格的 25 个要素逐条分析这个人，你会发现自己到底奇在哪里，为什么奇。

我讲完这 25 个要素后，想请你们给自己打个分。打一个你认为应得的分，按百分制在 0~100 分之间打分。如果存疑，就不要打高分。

待全部做完了，把所得分加起来，除以 25，就可以得到好性格的平均分。如果得分高于 50 分，说明你的性格非常不错。希望你们当中有些人的得分远比 50 分高。

积极的心态

好性格的第一个特点向来都是心态积极，因为没有人喜欢和消极的人做朋友。不管你有什么其他特点，倘若没有积极的心态，至少在人前，不会有人觉得你的性格讨人喜欢。根据这一点，按 0~100 分给自己打分。如果你给自己打了 100 分，那你就和美国总统富兰克林·罗斯福在一个级别了，这个分是很高的。

灵活

好性格的第二个特点是灵活。灵活就是柔韧又变通，能够在各种人生境况下调整自己，不受压制。这个世界上有很多人拘泥于习惯和心态，面对不愉快的、不认同的事物，不知道自我调整去适应。

知道富兰克林·罗斯福为什么能成为我们这代人最拥戴的总统吗？就算他不是最受拥戴的，也是极受拥戴之一的人吧？因为他八面玲珑，人见人爱。我在他的办公室工作过。有的参议员、国会议员进来时，恨不得"断其喉，割其肉"，等离开时却对他一片颂扬之声，为什么？因为罗斯福用一种特别的心态接待了他们。

换句话说，他做了自我调适，顺应了对方的心态，不会在对方发火时也跟着急。这就是自我调适的绝好办法——学会灵活变通，别人生气你不气。你要想发火，等对方心情不错的时候，你一个人发发算了，这样你受伤害的可能性会小很多。

我见证了几届美国总统的上台和下台，并且和其中几位有过交集。我知道在国家最高的权力机构里，灵活变通意味着什么。赫伯特·胡佛（Herbert Hoover）可能是白宫有史以来最佳的全能型企业经理人之一，可他也没能成功地把自己再度推销给美国人，因为他不够灵活，不会变通，太死板了。

卡尔文·柯立芝（Calvin Coolidge）也是这类人，伍德罗·威尔逊（Woodrow Wilson）差不多也是这类人。他们太严谨，太呆板，太固执，太较真。譬如说，伍德罗·威尔逊不允许别人拍他的肩膀，不允许别人叫他"伍迪"，不允许别人在他面前放下拘束。但富兰克林·罗斯福可以接受，你可以随意，不拘礼数。你拍拍他的背，他也会拍拍你的背。也就是说，他这个人很活泛，随机应变。

各位同学，生活中有太多的事需要我们即时调整自己去适应，只有这样才能有内心的安宁、健康的身体。所以，大家现在开始学着自我调整，灵活变通吧。即便你现在不灵活，也可以变灵活。

悦耳的声调

好性格的第三个特点是声调要悦耳。这个要大家多多试验。很多人说话鼻音重，很难听，声调里夹杂着某些成分，让人听着不舒服。一个声调单一的人，就缺少个人魅力，不懂怎样拿捏语气语调。这样，他是不可能抓住听众的，绝对不可能。你若想教书、做讲座、做公开演讲，想跟人聊天聊得投机，就一定要学会在话语里注入悦耳动听的声调。你只要做一点练习，就能做到。很多时候，你把嗓音放低一点，说话声别太大，声音听起来就比较悦耳。你可以尖声厉语，让大家听完就想拿砖头拍你。在这两个极端声调之间，你要找个平衡点，将它用到谈话、教学和演讲中。

我感觉，没人能教你把声调变得悦耳动听，这事你得亲力亲为，不断实践才行。首先，自己一定得体会愉悦的感觉。人在生气或者跟自己不喜欢的人交谈时，怎么会用悦耳动听的声调？你可以用，但效果不会很好，除非你内心的真情实感就是你表达的那种感觉。

各位知道我为什么能抓住听众吗？三五分钟内就抓住了他们的心，不用走下台，也无须搔首弄姿，连比带划，想让他们注意力保持多长时间都可以。你知道我是怎么做到的吗？

首先，我心里想什么，我会用一种自然声调脱口表达。也就是说，我说话就像平常跟你聊天一样，该热情的地方就热情一下。

还有一个技巧，我觉得大家可以学学：我可以随时让观众鼓掌。知道怎样做到吗？

靠提问题。从我们开课到现在，这话你听过多少遍了，想让我告诉你吗？想让我告诉大家吗？当然了，于是鼓掌。所有这些都是前人仔细研究过的技巧。你想受人欢迎，一定要掌握它们。不知道还有什么回报能比人见人爱更好。这个就属于那种待人接物不能缺少的东西。

宽容

什么是宽容？很多人并不理解宽容的全部内涵。宽容就是在任何时候对任何人、任何事物都有一颗开放接纳的心。换句话说，你的思想对任何人或事都不封闭，总是愿意倾听。

你会惊讶地发现，这世上思想开通、包容的人并不多。有些人的思想特别封闭，用铁棍撬都撬不开他们的心扉。你再怎试，在他们那儿也得不到新意。你见过这类人有哪一个是讨人喜欢的？没见过，以后也见不到。

人的思想一定要开放、包容，因为人们一旦觉得你对他们有偏见，对他们的宗教、政治、经济等的看法有偏见，他们就会远离你。

我的课程班里有不同宗教的信徒——天主教徒、新教徒，犹太教徒、非犹太教徒。不同种族，不同信仰——济济一堂，和谐相处。各位知道为什么吗？因为我爱他们。在我眼里，他们都属一类人，都是我的友伴、我的兄弟姐妹。这就是我和他们相处融洽的原因。我看人从来不看政治立场如何、宗教信仰如何、是贫还是富，而是看他是否在努力完善自我，成全他人。这才是我评判人的标准，也是我和他们相处融洽的原因。

以前我不是这样。我曾有一些很严重的偏见，对许多事物的看法很狭隘。不用问我具体是什么样的，我会用我的方式告诉你，这也是让我大受欢迎的原因。我不再主动往外说了，但对我的学生除外，因为他们付了我工钱，我有责任说。对于外人，我不会再主动说。

思想一定要开放！你掌握了自己，你说了算，让思想保持开放，这是多好的事情。思想不开放，就学不到很多东西。思想一封闭，会错过你所需要的大量信息。没有开放包容之心，这些信息是无法获得的。

把思想封闭起来，会反噬你自己。你有了定论，再多的信息也不想要，你就停止成长了。你对任何问题封闭思想的那一刻——称"这就是定论，再多我也不想听了"，你也就停止成长了。

幽默感

有十足的幽默感。这里不是说你一定要会讲很多笑话，而是说你要有一种性情。如果没有，就培养它，这样才能调整自己，适应生活中的各种不愉快，而不是太较真。

我曾经在弗兰克·克雷恩（Frank Crane）博士的办公室里看到一则座右铭，印象深刻，尤其还是在一位传教士的办公室里看到的。这则座右铭是"别把自己看得太重要。"若把自己太当回事，就把自己作践了。就是这么回事，不是吗？我当时就喜欢上这则座右铭，现在仍然喜欢。我觉得这则座右铭劝人不要把自己太当回事，说得很棒。

我得到了那么多优秀人士的认可，如果我再拿自己太当回事，你们还怎么受得了我？我会自高自大，会很虚荣，浑身上下透着那股子劲儿，我还怎么取得大家的信任？谁会喜欢一个虚荣、自负的人呢？

还有一点：幽默感强。

报纸上有些漫画我很爱看，有时看看会开怀大笑。《海岸报》（Out On the Coast）有一幅漫画叫《艾米丽和梅布尔》（Emily and Mabel）。两个老姑娘一直追踪一个爷们，但总是找不着。情节很贴近生活，我常忍不住发笑。我要是没哈哈笑一回，我就跟我老婆说，这份报纸又骗了我 5 分钱。

说到补品，除了一般人必需的维生素和膳食补充之外，好的补品之一就是每天笑几次。要是没笑料，你就自己编一些。例如，对着镜子看看自己，看着看着，你就笑了。笑能大大改变头脑的化学反应，大到让你吃惊。你有烦恼事，一笑可化解。笑比哭好，笑一笑烦恼事好像就没那么大了。

我不知道我的幽默感是不是强，但知道它比较灵敏。我能在生活的任何环境里找到乐子。以前，我在某些环境下尝到的是苦痛，而现在我可以从中找到乐趣，因为我给自己的幽默感上了润滑剂，它比以前灵敏了一点。

坦诚

接下来是言谈举止要坦诚，但要管好自己的舌头，管住自己的嘴，始终坚持先想后说的习惯。

可是，一般人不这么做，都是先说再想，或者说完了后悔。你对人说话前，先想想你说的话对他有益还是有害。开口前稍微掂量一下，考虑一下，你会少说很多说完就后悔、认为不该说的话。

有些人好说大话，不计后果，过后又忘了自己说了什么，因为他们说话时不过脑子，这类人基本都混不好的。

说话坦诚并不意味着心里怎么看对方，嘴上要一字不差地告诉他们，如果是这样，你不会有朋友。坦诚更不是含糊其词，避重就轻。说话含含糊糊、不实在的人是不受人喜欢的。讲话总是躲躲闪闪、凡事都不表态的人，也不受人待见。

令人愉悦的表情

好性格的第七个特点是表情让人看着愉悦。不知各位有没有对着镜子端详过自己的表情，你稍加用心竟能把自己的表情塑造得那么赏心悦目，此不亦乐乎！你学会微笑着跟人说话，此不亦乐乎！你一定想不到，微笑着跟人说话比皱眉、沉着脸跟人说话，效果不知要好多少。对听者而言，那差别太大了。

我就不喜欢和一脸严肃的人说话。他好像肩上扛着整个世界似的，让我坐不是、站不是。我盼着他赶快把话说完，该干啥干啥去。如果他稍微灵活一点，像富兰克林·罗斯福总统那样，给你一个价值百万美金的微笑，哪怕他说的话再无足轻重，听来也如同仙乐，胜似哲言，因为他的话带给你的心理感受是舒服的。

你要是无意冲人咧嘴微笑，那就别笑了，猴子也会那个样子笑。学会在感觉到微笑的时候微笑。微笑从哪儿开始呢？是嘴唇吗？还是脸颊？是心里，你心里先感觉到了笑意——心才是微笑发出之所在。人不一定要漂亮，不一定要英俊，只要面带微笑，不管是谁，都会变得俊俏。笑会让你的神情美丽可爱。

强烈的正义感

再一个品质就是对待一切人要有强烈的正义感。换句话说，即便公正对待他人对你不利，也要秉持公正。当别人知道你对他们秉持公正却付出了代价，就会对你产生好感。公正待人却又靠它获得利益，这个不算是美德。很多人是在知道会得到这样那样的回报之后，才秉持公平、公正，才诚实。你可知，当变奸变诈能有利可图时，他们变得有多快！那个比例我就不说了。我不愿把我心里想的数字告诉大家，实在是太高了。

用意真诚

接下来是用意真诚。一个人明显言行不一、表里不一，想把自己装成另一种人，嘴上说的和内心想的不一样，这种人谁都不会待见。表里不一虽然比瞪眼撒谎好点，但也是五十步笑百步——用意不真诚啊。

事事通晓

还有就是事事通晓。除了个人兴趣之外，对人情、世事也很通达。

一个人只通晓一门学科，其他什么都不懂，那么，一旦离开那个学科领域，就会变得无聊乏趣。你稍稍想一想就会想到你认识的某个人，埋头于一件事，其他事一概不知。他不是见多识广，谈不了你感兴趣的东西，和他聊天没意思，在其他方面他也让人感觉无趣。

大家知道，人生在世，让别人喜欢的最好办法是什么吗？就是谈他们感兴趣的事。顺便说一点，你要是能和对方聊他感兴趣的事，在你提到你感兴趣的事时，他也会愿意倾听。

处世圆通

再就是处世圆通。你不必用言语表述思想、态度。如果是那样，你就没什么隐私了，谁都能看透你。有些时候，你并不希望自己被人看透。

遇事可以圆通一些。你在路上开车，有人剐蹭了你的挡泥板。双方立即下车，跑过来看损坏多严重，这时你就知道双方圆不圆通。也许只是蹭掉点漆，值个十元八元的，可是双方骂骂咧咧，赔了100美元。

希望某天，我能看到这样的场面：两个人在路上撞了车，立即跳下车互相道歉，都说是自己的错，愿意赔偿。最后由谁赔不知道，但我想有一天能看到这样的情景。

你待人圆通，用人就得心应手，效果好到令你想不到。很多时候，不要上来就叫别人做这做那，要问问人家愿不愿意做，这样反倒会有好的效果。即便你有权命令人家，最好还是问一问。

我认识的优秀老板很多，其中一位就是安德鲁·卡内基。他从来不给员工下命令，总是先问他们是否介意帮忙做件事，要么就问帮他做某件事是否方便，合不合适。他从不命令人，总是询问。难怪他和人相处那么融洽，这辈子那么成功。

决策果断

接下来是决策果断。该有的事实材料都摆在眼前了，还是迟迟做不了决定，下不了决心，这种人肯定不受人待见，性格也会不讨人喜欢。我的意思并不是让大家匆忙行事，仓促决断，而是在你已经掌握了全部事实情况，也到了该做决定的时候，一定要养成果断决策的习惯。决策失误了，总可以推翻；当改则改，既不要太过自负不愿改，也不要缩头缩脑不敢改。如果决策是错的，改弦易辙既是对自己公平，也是对他人公平。

笃信无限智慧

好性格的第十三个特点是笃信无限智慧，这一点无须赘述。

你可能想不到，很多人嘴上大谈信仰和无限智慧，实际落实得不多。很多人自称笃信无限智慧，却未投入行动来证明信念。我坚信，千种意愿、万条信念不如一次行动。

语言得体

好性格的第十四个特点是语言得体，不说俚语、俏皮话、脏话。从前没见过俏皮话、俚语、脏话如此泛滥。也许说这类话的人觉得，这样说显得自己很灵光，可听者的感受就不一样了。他可能会发笑，对溜嘴说俏皮话的人却不会有什么好印象。

英语虽然不是很容易掌握，但是一种美丽的语言，词义宽广。一个人能够熟练地掌握英语，可以把心里所想（或者你想让对方认为你心里所想）准确地传达给他人，这是极好的事。

热情有度

热情要适度。你可能会问："为什么要节制热情呢？为什么不让它自由释放呢？"因为一旦放任，你就有麻烦。对待热情要

第六章 好性格

像对待电流一样。电是一个好东西——有了它，可以洗碗、洗衣服、烤面包、做饭，但必须小心使用。需要时打开，不需要时就关闭。

热情应当小心谨慎。需要开启时再开启，需要关闭时立即关闭。如果你能够迅速开启却不能迅速关闭，有些人就会凑上前来，叫你热衷上不该热衷的东西。听说过这种事吧？这下坏了，你要当冤大头了。

热情是什么？热情是一种很柔和的（有时却是不很柔和的）催眠。你可以用热情自我催眠，也可以催眠别人，但是，不可做得太过。你对别人太热情了，他们会拉下心理幕帘防着你。我遇见过一些推销员，热情得过了头，我不会再让他们踏进门来，我不想专门费神防着他们。

我听过一些演讲人演讲。其中一个特点就是热情过了头。我不愿意跟着他们走。大家知道我说的是哪类人吧——打开热情按钮，恣意释放。热情过了头，你怎么办呢？一是赶快逃离，一是赶快把它关掉。

这种人是不会讨人喜欢的。只有能做到适时释放热情、适时关闭热情的人才讨人喜欢。

另外，如果你想发挥热情却发挥不了，别人会认为你性格不好，因为有时候你绝对需要热情洋溢，如上课、做讲座、做演讲，在人际交往的几乎所有场合，会时不时地需要一些热情。

热情和其他品质一样，是可以培养的。只有一种品质，即便你有心也培养不了。安德鲁·卡内基说他可以把一切品质给你，除了一样，这一样就是个人魅力。你就是很有魅力，你虽然可以节制、可以转化它，但是这东西你给不了别人。

体育精神

再一个特点是纯正良好的体育精神。生活中，你不可能一赢到底，谁也做不到，人总有输的时候。输也要输得优雅、大方，承认"我输了，不过也许输是好事，我很快就要去找那颗与失败对等的利好种子。下一次输的就是别人。我知道该怎么做"。不管什么事，都不能把输赢看得太重了。

经济大萧条期间，我有4个朋友自杀了。我蒙受的损失比他们还多一倍，但我没这么做。我想："这是一种福分吧，我丢了这么多钱，我就得从头再来，挣得再多点。"这便是我当时的心态。我对自己说："就算我身无分文，衣不蔽体，甚至连裤衩都没了，我还是可以从别人那儿赚到一点，东山再起。不管在哪儿，只要能找一帮听众听我讲课，我就能赚到钱。"

一个人有这样一种心态，你怎么能打垮他？不管你打倒他多少次，他都会重新站起来。就像一块软木，你可以把它压瘪，但只要一松手，它就会弹起来。你不松手，它会撑得你松手。

基本的礼节礼貌

基本的礼节礼貌，好啊！特别是在对待社会地位、经济地位或财力不如你的人时，基本的礼貌很重要。一个你不必礼貌殷勤相待的人，你却礼貌待之，这是善行。他好，你也好。

我一向讨厌有些人对别人颐指气使。进入一家餐馆，看到某些暴发户随意使唤服务员，弄得人家团团转，还骂骂咧咧的，我就会生气。就算人家干的就是这活儿，理当忙活，我也从来不那么做。我一直认为，不管有理无理，谁要是在公共场合辱骂别人，他的处世方式肯定是有问题的。

我在费城的贝尔维尤-斯特拉特福酒店（Bellevue-Stratford Hotel）住宿时，一个服务员不小心把热汤洒在了我的脖子上，把我烫伤了。领班跑了过来。不一会儿，酒店经理也来了，要找个医生看看。我说："没那么严重，不就是服务员洒了一点儿汤嘛。"

"我们帮您把衣服洗干净。"

"不用，"我说，"您别难受了，该难受的是我，可我不难受。"

那服务员下班后来我房间说："万分感谢您今天那两句话！我差点被炒鱿鱼，您完全可以让他们开除我。要不是您发话，我已经走人了，那我可承受不起啊。"

我的话对服务员有多大帮助，我不知道，但我的确从中受益很多。我可以狠狠骂他一通，但我没有。

记忆中，这辈子我还从来没有因为什么事有意羞辱过别人（可能会无意羞辱过）。我能说出这个话，自感惬意；能以这种态度待人，自感惬意。别人也会用同样的态度对待我，他们不想让我难堪。为什么？此所谓种瓜得瓜，种豆得豆。人就是一块磁石，内心常念的东西会被这石头吸引来。

穿着打扮得体

穿着打扮得体对于任何一个参与社会活动的人来说都是很重要的。我不是要你打扮得像阿斯特夫人（Mrs. Astor）的坐骑或者像个小丑，也不必穿得很花哨。我的意思是，经常跟公众打交道的人应该挑选与自己性格、风度相配的服饰。

对于穿着打扮，我从来不太讲究。除了极少数场合，我基本不穿正装。前段时间，我在芝加哥的一个销售经理俱乐部做演讲，对方通知我一定要穿燕尾服。我没有燕尾服，20年来从未有过燕尾服，但为了参加这个活动，我特地去买了一套。

登上讲台，我讲了当地一位银行家的小事。在我们坐下吃晚饭前，这位银行家在鸡尾酒吧跟我闲聊。他问我："希尔先生，你演讲时有没有紧张过？"

"怎么说呢，平常都不紧张，今晚除外。"

"今天为什么紧张？"

"因为这身燕尾服很别扭，我又不得不穿。"

我给听众讲了这件小事，大家都乐坏了。

该穿正装就穿正装，但要有品位。如果过后有人问起你，穿着最漂亮的人究竟穿了什么衣服，一般情况下你是答不上来的。你会说："我只觉得他看起来挺精神。""她看起来挺漂亮。"

表演技能

表演技能——不管是什么行当，你要把自己推销出去，就得善于表演。要知道什么时候渲染语言，什么时候渲染环境。

拿这世上最杰出人物的生平来说吧。讲述时你只是摆事实，对故事不加渲染，你就会越讲越乏味。跟别人做生意，你要把内容绘声绘色地讲给对方听。人这一路走来，一定得学会表演技能。这个是可以学会的。

额外付出努力

应该养成额外付出努力的习惯，这一点我不再说了。前面有次课讲过这个问题。

适度

适度意味着凡事不能太多，也不能太少。过食贪杯会伤身。在这类事情上，我遵守一条规则：绝不容许任何东西攫住我。我抽烟时，快到烟瘾上身的地步，我就戒掉。鸡尾酒我能喝一杯，能喝两杯，喝三杯应该也没问题。我在社交场合喝鸡尾酒从没超过三杯。不过，如果我感觉不胜酒力，或者感觉自己无法推辞，我会立即远离它们。

我希望一直把握住拿破仑·希尔。不过，不欠。适度是很奇妙的。你们也许知道，不做过头事，便无糟糕事。

这其中包含了深刻的思想。对与错是相对的。真正面对时，对与错只取决于下定论的人。对你不利，那就是错；对你有利，那就是对。多数人是这么看问题的。

耐心

接下来是耐心,任何情况下都要有耐心。活在这个世界上,必须要有耐心。人世间充满了竞争,总是不断有人或有事要求你有耐心。有耐心,才能学会等待时机;缺乏耐心,强人所难,难免遭人拒绝,适得其反。

你需要耐心为维持与他人的关系腾出时间,而且得有很大的耐心。任何时候都要控制好自己。

多数人缺乏耐心。我是说大部分人,你两秒钟就能把他们惹毛了,就是因为你说错了话,做错了事。

别人说错话,做错事,我没必要动怒。我想动怒当然也可以,不怒是我的选择。我可以选择不生气,我可以耐心等待,待时机成熟再去回击对方。有人让我受了委屈,我反击的唯一办法就是帮他一个忙,让他知道自己多渺小。

优雅

好性格的第二十三个特点是姿态要优雅。说话时,我可以站得笔直,不倚不靠。

谦恭

好性格的第二十四个特点是内心谦恭,谦恭源于强烈的谦逊意识。有什么事能胜过拥有真正的谦恭之心?我不知道。

有时，我确实想批评一下同事——是一部分同事，不是全部。但我总在心里说："若不是上帝开恩，这个挨批评的人就是我自己，也许我做的事比我批评他做的事还要糟糕十倍呢。"也就是说，不管遇上什么糟心事，我都会竭力保持内心的谦恭感。

越是成功，我就越能觉察内心的这种谦恭感。我认识到，自己取得的任何成功完全归因于别人的关爱、喜欢，以及绝好的合作。没有这些，我绝不可能像现在这样名闻天下；没有别人的关爱、喜欢，以及绝好的合作，我不可能像现在这样造福人民，不可能成长为现在的模样。假如当初我没有自我调整去适应别人，与他们友好相处，我就无法赢得他们的合作。

个人魅力

最后一个特点是个人魅力，这也是很重要的。这一点当然和性情、和人与生俱来的某种特质有关系。这种天生特质是后天无法培养的，但可加以控制、引导，用在有益的方面。其实，最优秀的领导、推销员、演说家、牧师、律师、训导师、教师——每个领域最杰出的人——都懂得转化性情，他可以把这种强大的创造性能量化作行动，做他最想做的事。

"转化"这个词，有点像念咒变魔法，可以在字典里查查，一定要理解它的意思。

你仔细想想这 25 个特点，你会对自己有新的发现。等到你真正要回答这些问题，给自己打分时，你会发现有一些缺点尚不自知，有一些优点、好的品质，你认识不足。

我们审视一下自己，看看自己身居何处？是什么激发了我们的喜恶感？为什么有人喜欢我们，有人讨厌我们？我可以任意挑一个同学交流一下。假如你不招人喜欢，我不用问 20 个问题，就能准确知道什么原因让你不招人喜欢。

大家也可以这样做一下。我是希望大家做一做，我想让你们学会分析人：先从自己开始，弄清受人欢迎的原因是什么，被人讨厌的原因是什么。这样，你们便拥有了你们所能够想见的极丰厚的财富。

这次课有些作业要大家做一做。我想让大家享受做的过程，乐在其中，也想让大家多多了解自己。

07

第七章

领导力和主动性

我要跟各位讲一讲上周六发生的一件事。那天，我专门去旅行社改签机票，这样周日可以不回来，周一再回来。刚走进门，旅行社的经理一把握住我的手并开始做自我介绍，而后对我大讲《思考致富》如何好、怎么妙。过了一会儿，他的手还没松开，又进来一个人，是经理的朋友，在某航空公司工作。一听到"拿破仑·希尔"，这位便抓住我的另一只手，对我大谈《思考致富》如何妙、怎么好。他说："我跟你说件高兴的事，我去航空公司工作前，管着一个销售部，一百来人，我要求每个推销员把你写的书全买了，这是命令。"

我心里美得很。出来时，看见两个长得很漂亮的年轻女士正在人行道上发放选举资料。我从旁边走过时，其中一个女士问："您不是拿破仑·希尔吗？"

我转过身点点头，说："是啊，是我。您是？"

"两年前，我在一个女士俱乐部，您在那儿做讲座。这是我表妹。我俩的老公因为读了您的书，现在都是成功人士。"

我走到我的汽车旁，警察正在开罚单。我停车时丢下1美分，想着12分钟内肯定能回来，结果，因为跟人聊得很投机，超时了。

我到车前时，警察正开罚单，刚写了一半。

我走上前问："您还给拿破仑·希尔开罚单吗？"

"谁？"

"拿破仑·希尔。"

"不开了，"他说，"我不开给拿破仑·希尔，但我给你开。"

我做自我介绍，还掏出信用卡和驾照并递给他看。

警察惊道："真没想到啊。"他拿回罚单，撕了，说："没事了。我跟您说，我读了您的《思考致富》，现在当上了格兰岱尔的警察。"

我上了车，以最快的速度开回家。我怕再待下去又会遇到什么人，跟我讲这套哲学理念这好那好。

不管你多么成功，多么有名气，这一点是不变的。凡是正常人，对诚心实意的赞扬不会不领情，不领情的人我还没见过。我是领情的，希望自己千万别走到不领情的地步。

本次课是非常重要的一课，因为它是这套哲学的具体实践内容。你如果不有所行动，那么理解其他诸条原则与否，都没什么差别。为什么没差别呢？这么说吧，你从这套哲学中汲取的有价值的东西，并不在我上课说的话里，你要怎么做才是关键。要有所作为，积极主动地运用本套哲学理念。

领导力和主动性有一些特点。我希望各位从这些特点入手，给自己打个分数。一共 31 条,每一条的评分范围是 0 ~ 100 分。完成后,将各项评分加起来再除以 31,得到个人主动性的平均分。顺便说一句,就这些品质给自己评分,就是拥有这些品质的第一步。

主目标明确

关于主目标明确,我不必赘言了,因为有一点很清楚,一个人没有生活目标,没有总体目标,他就不会有很强的进取心、主动性。

搞清楚自己想要做什么,这是最重要的一步。你若确定不了这辈子要做什么,那就看看今年或者今年剩下的时间自己想要做什么吧。别把目标定得太高,也不要太远。

如果你在做生意、钻研专业,或在岗上班,你的明确的主目标就是提供劳动服务,增加收入,不管是什么劳动。等到了年底,你可以回看记录,把明确的主目标重新调整一下,将它升级为更大的目标,可以是年度计划,也可以是五年计划。不过,个人进取心的开端是先弄清楚要去哪里,为什么要去那里,到达之后要做什么,从中要获得多少经济收益。

只要把自己想取得多大成功确定下来,把评判成功的条件确定下来,这个世界的大多数人是能够取得很大成功的。很多人想有一个好的职位,想有很多钱,可具体是什么职位、多少钱、想什么时候得到,他们并不十分确定。各位不妨在这个问题上做一点思考,就第一项给自己打个分数。

充分的动机

第二条是充分的动机。动机充分才能激发人持续不断地行动,去实现确定的主目标。

认真审视一下自己,看看自己是否具备一个或者多个充分的动机。如果达成主要目标或者近期目标的动机不止一个,那就太好了。

强调一下,做任何事情都要有动机。我再说一遍:任何一个人做事都要有充分的动机,除了疯人院的人。疯人院精神失常者可能会毫无动机地干很多事,但只要是正常人,都是按动机行事。动机越强,人越积极,越容易积极主动作为。

人生在世,不一定要多有头脑,不一定要多聪明。要想有绝世不俗的作为,也不一定要受多高的教育,只要你肯拿出自己拥有的一点东西,不管多少,把它利用起来,将它投入实践,用它做点什么。当然,这需要主动性、进取心。

智囊团

第三条是智囊团。就是友好合作,通过友好合作获得必要的能力,做出显赫的业绩。

现在大家就行动起来。认真想想看,如果此时你需要和人合作,你有多少朋友可以找。例如,你需要帮扶一把,需要担保,需要引荐,可能要借点钱。你把真正能有求必应的朋友列个名单出来。

你要多少钱自己都能拿得出来,就不说了。不然,说不定哪一天你需要借钱呢。你知道有人可借，还能借得来，这就是好事！你可以去银行借，只要你押一付四，想借多少就能借多少。不过有时候，你需要的钱数说多不多，说少不少，或者想讨点小便宜，这时候就需要有人可以求助。

首先，如果你定的目标不俗，除自己外，还需要有一个由一人或多人组成的智囊团。智囊团成员不只是愿意与你合作，还会不遗余力地帮助你，能够做一些对你有益的事。

组建智囊团，需要你主动作为，别人不会因为你人好就主动跑来帮你。你自己必须定一个规划，有一个目标，找到合适的人选加盟，然后要让他们有充分的动机，自愿成为你智囊团的一员。

顺带说一句，我知道绝大多数人是没有自己的智囊团的。如果没有，就在这一项上打个0分，你也用不着担心，不过等下次打分的时候，一定要比0分高。怎么办？唯一的办法就是开始行动，起码找一个现在就能倚靠的智囊团。

自立能力

第四条是和实现主目标相称的自立能力。查查看你的自立能力到底有多强。你或许需要妻子（丈夫）、好朋友或者熟悉你的人来帮你一下。

你可能认为自己有自立能力。何以见得？姑且回到第一条，认真评估一下你确定的主目标，看看目标有多大。如果你还没有目标，或者说有目标但跟现在已达成的目标相比并无高下之分，说明你的自立能力不怎么样，应该在这一项上给自己打个低分。如果你有良好的自立能力，就会把主目标定得高于自己已经成就的业绩，并且坚定地去实现它。

自律

第五条是自律。有足够的自律把握头脑和心灵，维持动机，直至目标实现。

人什么时候最需要自律？是一路上升，诸事顺利，快要成功的时候吗？不是，最需要自律是在一路坎坷、前景不利的时候。

这时，人需要有一种积极的心态，要约束自己的思想，知道自己去往何处，知道自己有权去往哪里，知道不管路途多么艰难，会遇到多少阻力，都要坚定不移地走下去。在艰难困顿之时，起码需要有足够的自律来支撑你渡过难关，不放弃、不抱怨。

毅力

第六条是毅力。即怀揣必胜的意志坚持下去。我问各位，一般人失败了几次会选择放弃，另谋出路？一次？是否听说过，有些人尚未开始就一败涂地？因为他们觉得开始也没意义，自己一事无成。如此说来，一次都不到。

绝大多数人没开始就失败了。其实，他们连启动都没有呢。他们虽然想过有些事情自己能做，但从来没有付诸行动。付诸行动的人中绝大部分刚遇见阻力就放弃，或者另谋出路。

坦率地说，我最大的优点就是有毅力。我有坚持不懈的精神，有必胜的意志，还有越困难越咬着不放的自律。这些都是我的优良品质，过去是，以后还是。如果没有这些品质，我也绝不会创制出这套哲学理念，也不可能像现在这样把它广泛推介。

毅力是天生就有呢，还是可以后天习得呢？如果不能后天习得，那就没有必要讲这门课了，对吧？

你当然可以后天习得，而且也不是什么难事。那么，是什么让一个人有毅力、坚持不懈呢？

是动机，是强烈的欲念，是动机背后的欲望让人坚持不懈。

一想到坚持和强烈的欲念，我就想起自己恋爱的时候。我记得在追女朋友时的那份执着，那种如火的欲念比生命中任何时候都要强烈。

这种情感是不是可以转化成别的东西，转而用在业务、职业或者工作上？追求成功就像追求心仪的人那样，能更多地投入感情呢？你觉得自己能做到吗？

各位知道"转化"这个词的意思吧。你如果还没尝试，那现在就试试吧。等下次情绪低落、灰心丧气的时候，努力把这种情绪转化为勇气和信念。你就等着看奇迹出现吧！等你激活了整个头脑和身体，你就会强大到没什么能够阻挡你了。

想象力

第七条是发达的、有节制的、有导向的想象力。没有节制、漫无目的地想象是非常危险的。我之前想对住在美国联邦监狱里的所有人员做个调查。我是为司法部做的。监狱里的大部分人之所以待在监狱，是因为想入非非，想象力用过了头，失控了，没有进行积极的引导。

想象力是一种很奇妙的东西，你如果不控制它，不引导它去实现建设性目标，它就有可能为你招灾惹祸。

决策

第八条是果断做决定的习惯。各位同学是这样做的吗？当你掌握了做决定所依据的全部事实之后，你会果断迅速地做决定吗？

诸事俱备，你却没有当机立断做决定的习惯。你工作上一定是懒散的、爱拖延的。你是在磨灭个人进取心、主动性这两项非常重要的品质。

培养个人进取心、主动性的一个最佳办法，就是学会在掌握了情况之后坚决果断、迅速地做出决定。我说的不是仓促决断，或者在证据不足的情况下就发表意见。我说的是掌握了关于某个问题的全部事实的情况下，这些事实都在你手上，随时可用。应该用这些事实做事，应该明确决断具体要做什么，而不是像很多人那样犹犹豫豫、磨磨蹭蹭。如果是那样，你应该意识到，自己要坠入遇事都磨蹭的坏习惯。换句话说，你就不可能有进取心，去主动作为。

意见源于事实根据

接下来是养成不靠猜测而是依据事实形成意见的习惯。自己在形成意见看法时，有多少次是靠猜测，又有多少次是依据事实，各位同学算过吗？对任何事情形成看法之前要先掌握事实，这是本分，这其中的重要性不知道各位是否认识到。意见看法要以事实（或者你认定的事实）为根据，否则，任何时间、地点，你都没权利谈意见、看法，这一点大家都知道吧？为什么？因为你不想惹麻烦，不想失败。

你当然可以有看法，有意见，大家都一样——会有一堆意见、看法。你甚至可以不等别人征求就对他们讲自己的意见，我们经常是这样。不过，要想妥善发表意见，申明观点，一定要先做点调查研究，依据事实（或者你认定的事实）形成意见。各位同学如果不能积极主动地这样做，就不可能成为本哲学的优秀讲师。

热情

现在看看第十条：具有自如激发热情的能力。

各位知道怎样随意自如地激发热情吗？你能满腔热情地行动吗？怎样能做到这一点呢？要做到这一点，一定得有热情的感受，一定要有明确的目标、目的或动机，使头脑保持警醒，而后依照动机有所动作，可以是语言、表情，或者其他行动。"行动"和"热情"是不可分的，不能将两者割裂开来。

热情有两种。一种是被动热情，你能感觉到但不显露出来。

有时候我们需要被动的热情，缺了它，我们有可能在不想暴露心迹的时候暴露了心迹。

一个优秀的领导、一名优秀管理者可以热情充沛，但他一定是在称心的环境下对着称心的人展示热情。他不会随便开启闸门，任热情奔放。而大多数人就是这么做的：热情上来时就尽情释放，而这样往往徒劳无功。

热情而有度——适时开启，适时关闭——这一点很重要。唯一能够控制热情的是个人能动性。你只要学了这一门课——如何表达和控制热情——把这技艺学精，你就能当一名出色的推销员，想卖什么就卖什么，真的可以。

你见过有谁卖东西却对自己卖的东西没什么热情吗？你想把东西推销给一个人，却对要卖的东西提不起热情，你推销得出去吗？你可能想，我推销出去了呀。其实你没有。你没感觉到热情，而且是没有在积极主动的状态下感觉到热情，你实际没有做成买卖。有人可能从你那儿买了东西，那是因为他需要，和你没什么关系。但是，你把热情传递给了他，那就不一样了。

怎样把热情的感觉传递给别人呢？例如，向人推销时你怎么做？首先，你自己要对推销的东西感兴趣。也就是说，热情源自你的情感，你必须有感觉才行。

开口讲话时，你定要热情洋溢，要把热情表现在脸上：一定要面带笑容，要笑得真诚、灿烂，因为没有人能一边皱着眉头一边热情洋溢地进行讲话。这两样弄不到一块。

要想把热情的效用发挥到极致，你需要学习很多东西来练习表达热情。这些东西全都需要你的个人能动性。你必须自己做，没人可以代替你。你怎样热情起来，我没法告诉你。我可以告诉你热情有哪些要素，如何表达热情。不过，说到底，表达热情的实操还得靠你自己。

正义感

第十一条是在任何情况下都要有强烈的正义感。这一点我不打算多说了，因为我想所有人都认为自己在任何情况下是光明正大地和人打交道的，都是本着强烈的正义感处世的。即便我们没这样做，至少也应该有那种感觉吧。

宽容

接下来谈谈第十二条：宽容——包容开放的心态。不管在什么情况下，我们不应该对他人抱有成见，除非有理由证明这成见是对的，或者起码我们认为能证明这成见有道理。

因为你不喜欢某个人，就从内心把他拒之千里，而那人可能正是这世上对你最有利的人。你排斥他有可能把自己这一辈子要走的路都堵了，你知道由此损失的价值有多大吗？

在工商企业，代价最大的是思想封闭。彼此封闭思想，对机遇、对服务对象，甚至对自己也封闭思想。

说到缺少宽容，人们常常想到某人因为对方的宗教信仰或者政治观点而不喜欢对方，这个甚至连触及该问题的表面都谈不上。不宽容几乎涉及所有人际关系。你如果没有养成习惯，做到任何时候对任何事、任何人都保持开放包容的心态，那你就永远不可能成为一个深刻的思想者，不会具有伟大的、富有魅力的人格，当然也就不可能受到别人的喜爱。

如果你不喜欢的人和不喜欢你的人知道你为人真诚，你讲话是怀着包容之心的，你可以非常坦率地跟他们打交道。人们不能容忍的是觉察到自己在跟一个思想封闭的人说话，而且说的话没任何效果，不管他们讲得多重要，有多少真实性。

时不时会有人前来，打算在学校传播这套哲学理念。断绝这个想法吧。我绞尽脑汁想了许久，最后还是放弃了，因为在那个地界，封闭的头脑太多了。这是我们教育体制的一个大问题：封闭的头脑太多了，保持宽容心的教育做得不够。

不计报酬多干活

第十三条是要养成不计报酬多干活的习惯。这一点当然要靠个人主动性。没有人会命令你这么做，也没有人期待你这么做。这个完全在你的私人范围内，不过，这可能是借以发挥你的个人主动性最重要、最有利的途径之一。如果让我选哪种情况下最有利于发挥个人主动性，毫无疑问，除了分内事，就是自己多做，做得更好，因为，这不需要向任何人征求意见。

如果你遵循这一习惯——不是偶尔做一次，那样效果并不好——收益递增法则早晚会让你红利满满，而且十倍百倍地返利。这么说吧，你额外付出，定有回报，而且最后得到的回报比你付出的多得多。

我在勒图诺公司（R.G. LeTourneau）供职的一年半时间，向 2000 名员工灌输了这一理念。公司付给我钱，报酬不菲。我离开公司多年后，收到了一张大额支票，其中一半钱是 2000 名员工捐赠的，另一半是公司配赠的，主要因为"额外付出努力"原则价值很高。他们意在向我强调一点：继续在公开课上或者其他场合宣讲这一原则，就像我在他们公司宣讲的那样，十分有意义。

依我个人经历，我还从来没听说过有谁在离开公司多年后还能拿到奖金支票。这是我平生遇到的最意外的一件事。

当你遵照"额外付出努力"原则生活时，你可以期待遇见不寻常事，而且全都是好事。

处世圆通

为什么处世圆通值得花时间去学呢？因为懂得圆通，就容易获得别人的合作。你要是一进来对我说必须如何如何，我会说："且慢，可能不行啊。我还有事要做呢。"你跟我那样讲话，我会立即设置障碍。你如果进来这么对我说："能否请您帮个忙，我会感激不尽啊！"——即便一开始你就知道你有权利提出要求，你也会得到全然不同的结果。

前面我说过，安德鲁·卡内基给人留下最深的一个印象就是从不命令任何人做事。不管对方是谁，他从不发号施令。他总是这样问："能否请您做件事呢？"

令人意想不到的是，卡内基先生的手下对他十分忠诚。不管

第七章
领导力和主动性

什么时候,他们都为他竭尽全力,因为他在为人处世上很有一套。倘若他觉得有必要教育谁,希望那人放规矩一些,他会把那人请出去,招待那人吃一顿五六道菜的丰盛晚餐——摆摆阔。吃完饭摊牌,一起去书房,卡内基开始说事。

卡内基先生的一个秘书被定下要进他的智囊团。这小子得知自己要升职了,一时昏了头,竟然开始跟匹兹堡的一群纨绔子弟厮混在一起,开个鸡尾酒会什么的。没多久,他便酗酒成性,深夜不归。上午上班时,他常耷拉着眼皮。

卡内基静观了这小子3个月,忽然有一天晚上他请这位年轻人吃饭。饭后,两人走进书房。卡内基说:"现在我坐在那边的椅子上,你坐在这边的椅子上,我想知道你在我的位置上会怎么做——你准备把某个人提拔到一个重要岗位上,可这人得意到昏了头,开始跟一群俗辈鬼混,深夜不归,酗酒,工作不想干了,把心思全花在别的事上了。遇到这种情况,你会怎么做?我很想知道。"

这个年轻人说:"卡内基先生,我知道您要开除我,既然这样,您就直说吧,做个了断。"

卡内基先生说:"噢,不!我要是想开除你,就不请你吃大餐了,也不会把你带到我家,在办公室就能把事办了。我不打算解雇你,我只想让你问自己一个问题,看看你是否要把自己开了。也许你要的,也许你还没意识到你离除名很近了。"

年轻人立即回了头,后来成了卡内基先生智囊团的一员,再后来成了百万富翁。是卡内基先生的圆通机智挽救了他。

卡内基先生处世练达,世间少见。他懂得怎么和人打交道,知道如何让他们自检自查。让我去查你，好处不大。你若能自己审视自己，找找优点缺点，那会受益匪浅。

自我剖析是个人可以开展的一个重要的私人活动。我没有一天不自审自查，看看自己在什么地方跌跤了，哪些是弱项，哪些可以改进，怎样做才能提供更多、更优质的服务。我每天审视自己，你相信吗？我这样做已经有好多年了，即便是现在，我也总能找出可以改进的地方、可以做得更多更好的地方。

自我剖析是一种十分有益的个人主动行为，最终你会诚实无欺地对待自己。你知道有多少人对自己都不诚实吗？据我所知，最可悲的欺骗就是在头脑中编造借口、理由为自己的行为和思想开脱，而不是审视自我，找出缺点去弥补，或在智囊团找人帮你弥补。

你选择哪个？你是愿意让他人批评你，指出不足呢，还是愿意做自我批评，找出自己的缺点呢？

如果选后者，你可以保密，不必公开那些缺点，赶在别人发现你的缺点之前加以纠正。而如果你等别人来提醒，那缺点就成了众人谈资，有可能让你难堪，伤及自尊。等着别人指出你的缺点，你有可能会产生自卑心理。

找出自己的缺点，这也是个人能动性问题。什么原因让自己不招人喜欢呢？你明知论头脑自己和某些人不相上下，甚至比他们还要聪明，却没有人家混得好，这是为什么？

还有一个场合可以采取个人主动，那就是和远在你之上的成功人士作比较。通过比较、分析，看看他们有哪些东西是你没有的。你会惊讶地发现，你能从别人身上学到很多，甚至从你不太喜欢的人身上也能学到很多。如果他比你强，比你做得好，你可以从他身上学一些东西。

相信我好了，你总能从比自己优秀的人身上学到东西。有时候，别人可能没你做得好，但你照样可以从他身上学到东西。好的差的都能学。你可以弄清楚他为什么做得没你好。

倾听

你是多听少说的人吗？你是否认识到主动多听、主动少说很重要呢？你是否认识到学会巧问问题，让对方开口吐露心迹，而你则不必透露内心所想，这很重要呢？你明白这其中的价值吗？

人靠听讲和观察来学习。我还从来没有听说过有谁靠说能学到东西，除非他知道别多说话。

绝大多数人是说得多，听得少，似乎是特别喜欢指导别人，而不是倾听对方要说什么，其实，对方说的话有可能让人受益。

昨晚在洛杉矶，我有幸给一批管理人员做讲座。讲完了，我说："现在我要颠倒一下规则。我想开一个公开论坛，我来问你们问题，你们说，我来听。"

我问了三个问题，对其中一个问题的回答，对拿破仑·希尔合作社、对这套哲学理念的传播、对每一位正在或即将讲授这套哲学的讲师来说，都是至关重要的。

这个问题是：假如你负责推广这套哲学，你打算怎样把它引入国内的商业机构，让关键人物了解？

我还问了其他两个问题，收获颇丰，可谓满载而归。我是应邀去做这个讲座的，为这个讲座我盼了 10 年。我受邀下一年到"百万圆桌俱乐部"做演讲，这个俱乐部的会员都是全国各地的保险业大佬。

这次会议的主席惦记着我，明年他是"圆桌帮"的主席。他看过我的书，听说过我的很多事，可他不想碰运气，万一碰见个废物呢。他想亲耳听我讲一次。讲座结束后我才知道他们在测试我。这就是生活的一个特点：很多时候，别人暗地里盯着你，而大的机遇也蕴藏其中，你做对了事，说对了话，机会便不请自来，要是做错了，说错了，机会就逃之夭夭。

那晚我问的第二个问题：如果你处在我的位置，你有机会把这第一套个人成功的实用哲学推介给世人，你会怎么做，让这套哲学思想传遍天下？我收到了二十几种回答。第三个问题不太重要，我最想知道答案的是第一个问题。

我们再讲讲多听别人说，非必要不说话这个问题。下次在你又准备教导别人的时候，记住我的话，先听对方说。发脾气也要等对方先发，不要自己先气急败坏。有时候你想训人，想讲一些可能得罪人的话，你让对方说。也许等他说完了，他会自责，你就不用再对他说什么了。三思，少说。

观察

你觉得自己观察细节的能力强吗？你路过一家百货店，等走到街区尽头时，能不能准确地描述在百货店橱窗里看到的东西？

我曾在费城上过一个培训班。开班的老师跟我们讲观察细节的重要性。他说，细节决定人生成败。不是大的东西，而是细微的东西——是人们通常认为不重要而不予理会的东西，是人们不愿意去细察的东西。

培训课的一项内容是，他带我们走出教室，沿着街道走向一个街区，过马路，走到另一个街区，而后返回教室。一路走着，我们经过十来家商店，其中有一家是五金店，五金店的橱窗里有500 种货品。老师让我们每个人都带上一个垫板、一张纸和一支铅笔——注意，这些是辅助记忆的。他让我们把路上看到的认为重要的东西都记下来。

大家记得最多的是 56 件，而他回来列了 746 件——他还没带纸笔。他对每一件物品都做了描述，包括摆放在哪个橱窗、橱窗的什么位置。

我不相信，下课后顺原路走了一程，查查他说的是否对。百分之百准确！他练就了观察细节的本领——不是只观察几个细节，而是全部细节。

一个优秀的管理者、优秀的领导、优秀的什么人，都善于观察周围的事物，好的、坏的、积极的、消极的，一律观察。不只是偶然觉察有趣的东西，所有让他感兴趣的或者影响他兴趣的东西，他都观察。关注细节。

坚定

最优秀的领导者不会因为失败而退却，他们坚信自己有更多的条件赢得胜利。

经得起批评，切忌怨愤

对别人的批评——我是说善意的批评，你愿意听吗？如果不愿意，那你算是丢了西瓜。人生的一大幸事就是能有人经常对你生活中的一些所作所为提出善意的批评（起码对关系你的主要目标的事提出批评）。

早些年，我经常让六七个，有时甚至十来个秘书坐到听众中间，听听众们谈论什么，把内容搜集起来。他们常在讲座结束后和听讲的人聊天，这样，我很快就知道我讲的哪点到位，哪点不到位。

我想成长。如果犯了错，我期望把它找出来。这就是我欢迎善意批评的原因。倘若某个学生、商业伙伴或者朋友过来跟我说，"希尔博士，这件事你要是稍微改变一下，效果好得多"，我会觉得这是大好事。我的商业伙伴就是这么做的。

你觉得自己每天做的事情都是对的，不然你就不做了，可是，你做的事有可能得罪了别人。要是没人提醒你，你还会继续做下去。

你需要有人提出善意的批评。我说的不是因为看不惯你才批评你。那种批评有害无益，我不会让那种批评左右我。如果有人因爱我而善意地批评我，我也不会过于重视，不然，同样有害于我。我在好莱坞听人说过，明星们一旦听信了媒体经纪人（有时他们会信的），就离完蛋不远了。

你要拥有透过别人的眼睛看自己的能力。我们每个人都需要这个能力，因为我敢说，走在大街上，别人眼中的你和你自己想的并不一样。你开口说话时，对方听进心里的和你认为自己传递的并不一样。

你需要批评，需要分析，需要有人指点你应该怎么调整、改变。我们在前进的过程中都得不断调整、改变，否则就不会成长。

你知道吗？无论什么建议和意见，大多数人都是很反感的。凡是要改变其做事方式的，他们都反感。但是，反感善意的批评只会害了自己。有人说，没有什么所谓的建设性批评。我不同意。我认为建设性批评是有的，而且是大好事。

最初我不这么想。早些年，有人批评我做的事，我很反感。各位知道我是怎么改变的吗？有一次，我和一位和蔼的先生聊天，他比我年长很多。那会儿我刚听到有人对我做的某件事说坏话。我现在不记得是什么事了，可能是我在《金科玉律》杂志上写的一篇文章。

我对那位先生说："不明白怎么会有人批评那杂志上的内容，文章就是要帮助人找寻自我，没有负面的东西，都是积极的呀。"

"你说的不假，我的朋友。"他说，"不过，不管做什么，不管你是谁，你做得再好，也不会获得人们百分之百的认可。不要奢望。得不到，也别心烦意乱。"

饮食与社会习惯

这一条恕不赘述。

忠诚

第二十条是对该忠诚的人忠诚。我把我愿意交往的人的资质列了一个清单，忠诚列在首位。有些人有权得到你的忠诚，倘若你不忠诚，你会一无所获。实际上，你越是聪明、机警、灵敏，受教育程度越好，如果你对该忠诚的人不忠诚，你可能就越危险。

我对我喜欢的人忠诚，但对于职场上打交道的人、对于家庭圈子里的人，我也有一种责任感。有些人我不是很喜欢，但是出于责任，我也会对他们忠诚。他们也想忠诚于我，那正好。如果不想，那是他们的不幸，不是我的不幸。我有忠诚的权利，我会对得起这份权利。

我必须学会跟这家伙——就是我自己——相处。我要和他睡在一起；每天早上，我得照镜子给他刮脸；隔一段时间要给他洗个澡，我一定要和他和睦相处。你跟一个人贴这么近，却搞不好关系，那怎么行！"待己以诚，如昼夜轮替，持之以恒，终不欺人。"我觉得这是莎士比亚写过的最美的、最富有哲理的话。对自己，要真：忠于自己，方能心安。只有忠于自己，才可能不负朋友，不负生意伙伴。

坦率[①]

熟悉9个基本动机

这9个基本动机于另课讲解。各位一定知道，基本动机是了解激励人们采取行动的诸多动机的基础。

---

① 原文为"Frankness"。——编者注

性格迷人

怎么看待迷人的性格呢？它是与生俱来的，还是靠个人主观能动培养的呢？

迷人的性格可以后天获得。构成迷人性格的 25 个因素中，只有一个是天生的，就是个人魅力，有或者没有要看情况，但你也可以在这方面下点功夫。其他 24 个因素，每一种你都可以有所作为，因为它们都是靠个人有意识培养的。

当然你要自己培养。首先，一定要弄清楚这些因素你占有多少。要搞清楚自己的现状如何，不可总听信自己，还得让你妻子（丈夫）或者别人告诉你。

有时候你要树个敌，他会告诉你何处有不足。你知道吧，有几个敌人有时候也是好事。敌人一般是不会手下留情的。研究一下敌人如何评价你，很可能会得到一些有价值的信息。就算没收获，至少可以知道关于你，他们没讲真话，他们怎么说都是不对的，因为你行得端，走得正。任他们怎么贬你，都是不实之词。这也是一件好事，不是吗？

不要害怕敌人，不要怕有人不喜欢你，因为他们说的一些话可能有利于你发现某个东西，从而进一步认识自己。几年前，有一个推销员来找我，说他已经在公司工作差不多 10 年，业绩突出，数次晋升，是公司十大推销员之一。半年前，他的销售额开始下降，以前照顾他生意的客户开始对他不满。我注意到他戴了一项得州牛仔帽。我说："问一句，这顶帽子你戴了多长时间了？"

"半年前在得州买的。"

"那，哥们儿你现在还在得州干销售吗？"我问。

"不经常做。"

"既然这样，等你去得州的时候再戴这帽子吧，我觉着这帽子碍眼，你戴它不好看。"

"呃，"他问，"这个很重要吗？"

"个人仪表是很重要的，你可能想不到，有些人会因为不喜欢你的装扮，就不和你做生意。"

是的，你可以改善一下性格，把容易惹人烦的毛病找出来，加以纠正。必须自己去找，或者找一个很坦率的人来帮你找。

专注

第二十四条是一次只专注于一件事的本领。你将来讲这套哲学，说明一个论点，不要中途停下转到别处，说一圈题外话再转回来。你既然摆出了论点，就要抽丝剥茧，说清说透，升华到一个高度，然后再说另一个论点。

不管搞推销还是做公开演讲，都不要想着一次包含很多点，那样只会贪多嚼不烂。以前，这是我的一大弱点。我经常讲跑题，于是，我就叫人提醒我。我参加过演讲培训，都没有他提醒有用，还是免费的，不收一分钱。他说："你英语这么好，激情澎湃，脑子里又有一大堆有趣的例子，可有一个不好的习惯，就是说着说着就跑题了，扯别的，然后再跳回来接着说。这一间隔，你要说的重点就没了。"

一次只专注于一件事，请为自己的专注力打个分，不管说话、思考、写作还是教学。不管做什么，一次只专注于一件事。

从错误中学习

谈谈从错误中学习的习惯。如果不会从错误中学习，那就不要犯错。我一见有人在同样的错上一犯再犯，就想起一句格言："一次被骗，其罪在人；两回遭欺，其羞在我。"好多人应该道一句"其羞在我"，因为他们似乎根本没有从错误中吸取教训。

为下属的错误担责

你的下属犯了错，那是你失职，不是他们失职。这个责任你不承担，你就不可能成为一个好领导、好主管。如果你的下属没有做正确的事，没能做正确的事，你应该主动而为，认真处理此事，要么培养他把事做对，要么把他安排到别的你不必监督他的岗位上，另找人去做该做的事。但是，只要这人在你手下干活，责任就该由你承担。

承认他人的优点

不要想着抢别人的风头。如果人家做得好，就给予充分的肯定，给他双倍的信任。宁可多给，不要少给。你知道他干得好，多一点鼓励也没什么坏处。成功的人都喜欢获得认可,有时候人们卖力苦干,只为了得到认可。

你也可以多鼓励他人。不过,这要看个人情况。有些人不易被打动:夸他不能夸过了头,他们知道自己的能力,鼓励过头了,他们会产生怀疑。

大多数人一听恭维就会沦陷其中:多夸赞奉承他们几句,他们便信以为真。不过,这于人于己没什么好处。

有一本书在美国广为流传,其中心思想是:要想在这个世界混下去,就得恭维人、奉承人。奉承恭维自古有之,它是一种最古老的也是最致命的武器。

我喜欢被人夸赞。有人认识我,夸赞我,我很受用。但是,如果某个人说:"啊,希尔先生,我很感谢您为我做的一切,您可否允许我今晚去您家?我想和您谈一个生意。"我很快会说:"他恭维我是想占用我的时间,从中得到一些好处。"恭维过多,赞扬过度,也不是好事。

运用黄金法则

接下来是养成在一切人际关系中"运用黄金法则"的习惯。你要做决定,参与涉及另一个人的交易,最好是设身处地,从对方角度看问题。在做出最终决定前,先把自己放在对方的位置上。这样做,你多半会做正确的事。

时刻保持积极心态[①]

承担全责

第三十条是养成习惯,对自己承担的任务负全责,不要找借口。你知道一般人特别容易干的一件事是什么吗?就是找借口,找理由,说自己为什么失败了或者为什么任务没完成。如果他们能用一半找借口解释为什么没做的时间把事情做好,那么他们会走得远得多,人生会好得多。

一般来说,特别会找借口的人,无论干什么工作都是效率最低的。他们惯于先把借口编造好,这样等被叫去挨训时,自有应答。

只有一件事最重要,那就是成功。结果说明一切,成功无须解释。失败不允许找借口。如果成功了,你不需要解释;如果失败了,一切理由和解释也无济于事。失败就是失败!

念兹在兹,唯此意欲

第三十一条是养成习惯,时刻想着想要的,不想不愿意要的。

人发挥主观能动性的绝大多数情况,和自己不想要的东西有关系。在这一点上,大多数人不需要教就会采取主动。他们真的就奔着这个而去,总是想所有不想要的东西。结果,生活中得到的恰恰是这个,即所谓心想而事成。

[①] 原文为"Applying the Golden Rule"。—译者注

在此，"转化"一词可以派上用场，不要去想自己不想要的、害怕的、怀疑的、不喜欢的，要去想自己喜欢的、想要的、决意要得到的东西。训练自己的头脑，让它始终和想要的东西合拍。这需要个人有所追求。

08
第八章

积极的心态

有意义的或者值得付出努力的事是可以实现的，但有一个前提条件。无论过去和现在都一样，缺了这个前提条件便实现不了。这个前提条件就是要有积极的心态。目标明确了，还要由强烈的欲念激发、强化，将强烈的欲念提升到实践信念的层面。

积极心态五步成

需要五步才能最终形成一种积极的心态，这是五种不同的思想状态。

第一步是愿望。每个人都有一堆愿望，想要这个，想要那个。我们都是有愿望的。只是有愿望，向往得到，还远远不够，是吧？

接着，往前迈出一小步，你就到了第二步：好奇。你把大量的时间花在无聊的好奇上。你也确实花费了很多时间在无谓的好奇上：琢磨邻居做什么、不做什么，或者竞争对手做什么、不做什么。好奇来好奇去，有什么实质性价值吗？好奇是培养不了积极心态的。

再往前进一步，第三步：你怀着希望。于是，愿望变得比较具体了，成了希望——希望有所成就，希望达成，希望有作为，希望积累你想得到之物。

不过，只是希望也还不够。虽然我们都有一堆希望，但并非所有怀揣希望的人都能成功。我们只是希望成功。无论如何，希望好于愿望，因为希望带有信念的性质。你是在把愿望转化为十分理想的心态——信念。进一步强化这种心态，希望就会转化为一种强烈的欲念，也就进入了第四步。

强烈的欲念和普通欲念的区别在于：强烈的欲念是一种强化了的欲念，源自希望，希望又源自目标的确定性。它是一种固执的欲望。没有动机做支撑，人是不可能有强烈的欲念的。一个人对某一事物怀有的动机越是强烈，他就越能迅速使自己情感升温，变成强烈的欲望。

但这还不够。要确保成功，还必须具备另一种心态，这就是第五步——实践信念。至此，愿望、好奇、希望、强烈的欲念都转化成了一种更高层次的东西。

实践信念与普通信念

实践信念与普通信念有什么区别呢？前者实际上和行动同义。实践信念和积极信念是统一的，都是靠身体力行来支持。祈祷只有在心态积极时才会产生积极效果，效果最好的祈祷都是出自那些把自己的头脑调整得习惯于用积极心态思考的人。

你知道自己每天有多少时间在考虑事物的消极面，又有多少时间在思考事物的积极面吗？不妨列个表，记录一下你两三天内有多少时间在为不能做的事费神，又有多少时间在考虑能做的事情（也就是消极、积极两方面），结果会很有意思。即便是极其成功的人士，看到自己每天耗在消极思考上的时间也会大吃一惊。那些卓越的领袖级人物基本不在消极思考上花时间，他们把心思全用在积极方面。我问过亨利·福特，这世上有没有他想做而做不到的事。他说没有，他坚信没有。我问他遇到没遇到过，他说遇到过。是很早以前的事，那时候他还没学会用头脑。

我问："此话怎讲？"

"我想要什么或者想要做什么，我就做起来，边做边想办法。不能做的事，我不会为它费神，只管把它抛在一边。"

这大白话包含了深刻的哲理。福特把心思用在自己能做的事情上，思考怎么做，不去想不能做的事。

如果你给一般人出一道难题，他们很快会摆出各种理由，告诉你此题无解。即便这难题包含了一些有利的方面，多数人还是会先看不利的方面，经常看不到有利方面。

我认为，让人束手无策或者说不带一点有利因素的问题是不存在的。我反正想不起来我遇到的哪个问题一点有利因素也没有。打个比方，有利的一面就是，它要是一个我能解决的问题，我就解决它；要是解决不了，我也不必费那个心思去考虑如何解决。

大多数人面对难题无法解决时，就开始焦虑，堕入消极心态。在这种状态下，你还能做成事吗？

当然不能。你把心态搞消极了，只会使问题更复杂，绝不可能成就有意义、有价值的事。要想做成有意义、有价值的事，一定得学会保持心态始终积极、正向。

消极心态是为你招引机会呢，还是赶走机会呢？是赶走机会，对吧。那么，赶走机会和你的优点、和你获得机会的权利有关系吗？没一点关系。你有权获得生活中一切美好的事物，你有资格得到它们，但是，如果你心态是消极的，你就会把得到美好事物的机会挡在门外。所以，你要做的就是保持积极的心态，这心态自会把你想要的或者追求的东西吸引过来。

你想没想过，为什么祈祷基本没用，而且结果都是不好的？说来也怪，在所有宗教里，这一点对大多数信众而言都是一个极难过的坎儿：他们搞不明白，祷告来祷告去，怎么就把坏事招来了呢？不招来坏事才怪呢！凡事背后都有规定，有法则。法则就是，人心里惦记什么实际就招来什么。这就是自然法则，对任何人都不例外。

所以，你想靠祈祷等方式招来你盼望得到的东西，就必须保持心态积极。不但要相信，还得有行动做支撑，把相信转化成实践信念。心态消极的人是不可能拥有实践信念的，因为两者不相容。

格言警句

有人认识到了日常环境对保持积极的心态有巨大影响，所以，他们常利用蕴含正能量的格言警句。勒图诺公司的厂区有

2000名员工，所有部门都挂了格言警句，大字印刷，每周更换一次，激励员工们奋发努力。我在那里待了一年半，格言警句写了4000多条。写这些格言警句是有目的的。厂区很大，每个部门都张挂格言警句，并且定期更换。食堂是每天都换，其他部门每周更换一次。格言警句的字母印成半英尺（1英尺=0.3048米）长，很醒目，在整座厂房内随处可见。员工只要走进自己所在的部门，就能看见格言警句。

对了，说到格言警句，还有一段趣事呢。有一天，警句被贴出来时，我正站在食堂里。一到中午，所有员工要去食堂排队打饭，白天我们总有一两次能在那儿看到他们。食堂的警句是："记住了，真正的老板就是顶着你的帽子四处转的人。"这话谁看了都懂：说到底，真正的老板就是你。可是，我听见一个人长啸一声，说："这句话不是我经常说的吗？早知道工头是一个渣子！"

这类格言警句被各行各业的人读到，有时候读的人真的会理解错误。不过，我听勒图诺公司的领导们说，我这套已有14年之久的哲学，仍适用于该公司的2000名员工。我还听他们说，各部门张挂格言警句，重点是让员工们接受这套哲理。一般说来，普通工人的阅读能力虽然不强，但是总会有一两句格言警句他们看得明白。如果你作为老师要去工厂上课，这类格言警句可能对你最有帮助。

转败为胜

接下来就是我们有办法转败为胜，变贫为富，化悲为喜，将

第八章
积极的心态

畏惧变成信念。这个转化必须以积极的心态为开端，因为成功、财富、信念同消极的心态不相容。

转化过程很简单，完全可以重复多次运用，用熟用透，化为己有。

首先，如果遭遇了失败，你就把失败当作成功。换句话说，想一想假如成功了，没有失败，那会怎样。站在成功的角度而非失败的角度看自己，把失败想象为成功。

同时，着手寻找对等的利益种子，每次失败都包含这颗种子。这样，你就能化败为胜，因为每一处逆境、每一回失败、每一次挫折都带着对等的利益种子。你若是去寻找这颗种子，就不会用消极心态看待所处的环境。你会抱着积极心态，因为你肯定要找到这颗种子。第一次找可能找不到，但只要坚持，最终会找到的。这是第一步。

第二步，当贫困可能找上你的时候（或者实际上已经找上你了），你要把贫困当财富看。具体想象一下这笔财富，想象一下你能用这笔财富做各种事情，同时，着手寻找与贫困对等的利益种子。

我记得，母亲刚去世不久，我还小。我坐在怀斯县（Wise County）的那条河岸边。当时继父没来，我很饿，我就坐在河岸边，寻思着能不能抓些鱼，炸一下，那不就有东西吃了吗？我坐在那儿，闭上眼睛，还遥想将来。我看见自己正在远去，成了名，发了财，又回到原地。在想象中，我骑着一匹蒸汽动力的机械马溯流而上。我看到蒸汽从马的鼻孔里喷出，听到马蹄铁碰击岩石的咔嗒声，那画面栩栩如生。我在贫困、匮乏、饥饿之际，让自己渐渐进入一种极乐状态。

许多年过去了，现在的我开着 22 500 美元买来的劳斯莱斯，回到了那个地方。我忆起童年情景，忆起一贫如洗的我。我一直在想："不知道早年的想象和今天的现实是不是有关联，或许有吧。"

我可能一直让希望活着，最终将希望化为信念。这信念带给我的不只是一匹蒸汽马，还有其他更加珍贵的东西。

各位需要往前看，想象一下自己想做的事，把不利的环境、逆境转化为愉快的心境。我的意思是你改变一下心态，不去想不愉快的事，而去想愉快的事。

第三步，当畏惧笼罩你的时候，要按信念去思考，认定自己在把信念转化为自己期望的环境或者事物。记住畏惧只是信念不足。我想，每个人一生或多或少都经历过畏惧，不过，要是畏惧攫住了你，畏惧就会变为一种习惯，肯定把你不想要的东西都招来。一定要学会处置畏惧，要在内心将它转化为相反的东西。换句话说，就是转化为信念。如果你怕穷，那就把自己想得很富裕、很有钱，想想准备用何种方法和手段去赚钱。做梦梦到自己有钱，总比老梦见贫穷要好得多。我请诸位相信，独坐一隅哀叹贫穷不堪，哀叹缺钱却不知怎么挣钱，这不是本事，也毫无益处。

我真心相信，只要我想要，这世上凡是金钱能买来的东西皆可得到。我得不到的东西，我不去想，因为我只想我能得到的。我一直是这么做的，这是调整心态，使之保持积极正向的好办法。这样，等遇到需要你有积极心态的情况时，你会习惯性地自始至终做出积极的而非消极的回应。

仅有愿望是不可能获得积极心态的。获得积极心态要像编绳子那样，一次编一根，日积月累，一点点完成，不可能一夜之间功德圆满。

隐形的向导

- 健康向导
- 财富向导
- 静心向导
- 希望与信念向导
- 爱与浪漫向导
- 智慧向导

接下来，你要在想象中创建一支隐形的向导队伍，由向导管理你的一切需求和渴望。各位已经听我讲过我的隐形向导。如果没听这门哲学课，形而上学，你可能会说我搞了一套离奇古怪的办法。我要向各位保证，这套办法一点都不离奇古怪。

我完全知道，这些向导都是想象出来的。我不是在自欺，也没有欺人。不过，就实际用途而言，他们代表了真实的存在，每个向导都在履行我分配给他的职责，从不懈怠。

有些学生对我不够了解，搞不清楚我是不是确实这么做。此时此刻，请各位同学务必相信我。等各位在我身边待的时间久了，你们会知道我说的是真还是假。我还没聪明到能忽悠大家的份上，想骗也骗不了，大家能看出来。

我究竟是不是在奉行这套哲学生活，各位一定会弄清楚的。弄清楚是你们的事。如果我不能让这套哲学有效用，我有什么权利对各位说，它能发挥效用？事实上，我已经在让它发挥效用了，而且感觉效果很好。凭着它这世间我想做的事都能做到。所以，我知道它也能帮助你们有所成就，还知道你们可以让它帮助其他人同样有所成就。不过，在为他人尽力之前，各位需要自己先运用它有一番作为。如果你都不能充分证明这套哲学在生活中行之有效，又怎么能传道授业，将这套哲学教给别人呢？

健康向导

在所有隐形的向导中，排第一的是健康向导。各位知道我为什么把它排第一吗？如果肉体一直需要拐杖支撑，头脑还能有什么作为呢？强健的身体即是心灵的殿堂，身体必须健全，必须健康，必须活力满满。

当你启动热情的开关时，如果没有能量，热情便成了无米之炊。所以一定要储存能量。能量具有物质性，也具有精神性。不过，我不知道有哪个被病痛缠身之人还能绽放极大的热情。

你为自己担负的第一项责任就是身体——要确保它能随时响应你的一切需要，能做要它做的事。你在夜晚要比白天更多一些关注身体，因为你躺下休息的时候，大自然会来保养你的身体，对它做调理、维护。所以，必须有这样一个训练有素的健康向导来监督调整身体的工作，并且你要遵循它的指导。

不要管别人怎么评价这套方法，你只管按自己的要求去用它。

如果你证明它是行之有效的,再去教别人,你就不需要做什么辩解了。

我是在解释这套办法,不是为它辩解。一样东西终日为你所用,而且很顺手、很有效,那为什么还为它辩解呢?用得着辩解吗?

财富向导

第二是财富向导。想想为什么我把它排第二。

你见过哪个人不收钱就可以为别人效犬马之劳?没钱的生活能混多久?我可以告诉各位我没钱能坚持多久:在什么都不需要的情况下,我能坚持两周。我每年斋戒禁食的时候,我会如此这般干两次。但如果是迫不得已,我可能要不了三天就饿死了。我斋戒禁食是因为我想做,是因为它对健康有益。

一定要有钱。你在培养财富向导时,必须有金钱意识。不过,我的财富向导是受限制的:我不容许自己贪婪,要太多的钱,或者为了得到钱付出太多。我认为自己的付出是足够的,但我不会过分付出。我认识一些人因为付出过多,英年早逝,他们为积累不必要也用不了的钱花了太多的精力。大量金钱的唯一用处就是在他们身后,让子孙后代争夺财产。这种情况不可能发生在我身上。虽然我想要的很多,但不会过多。财富向导的职责就是等我钱够用的时候叫停我。我不需要太多。

赚钱在很多人那里变成了恶性循环。如果你坠入其中,你会说:"嗯,等我赚到了100万美元就退出。"我记得,宾·克罗斯比(Bing Crosby)向他的兄弟(也是他的经纪人)宣称,他们赚到 5 万美元就够了，他们要退出不干了。最后怎么样？他们每年赚 100 多万美金，却比以前干得更起劲了。我不是在贬低他，你懂的。他是我朋友，同时我非常佩服他。我说的是这么一类人，为了并不需要的东西付出了太多。

经济上的成功是这套哲学探讨的问题。成功不是为了奢求而自毁生活，年纪轻轻就丢了性命。应该见好就收，合理利用已拥有的资源，不要费尽力气去追求更多根本用不着的东西。

不多也不少——刚好够用。懂得什么是够，什么是不过，不亦乐乎！这就是本哲学的精妙所在：它让你过上中庸平和的生活。你应该知道何为足够，何为太过。

静心向导

接下来是最重要的：静心向导。倘若你内心不宁静，即便拥有了世上的一切，有本事向每个活人收钱收税，对你又有何益呢？

我很荣幸以朋友身份深入了解了美国涌现的最富有、最成功的人士。我曾和他们同在一个屋檐下生活，了解其家庭、妻儿，见识他们去世后其子女后代的际遇。这些我全都看到了。我懂得学会中庸平和地生活是多么重要，只有那样生活才能内心平静，才能令自己的工作变成获取快乐的游戏。工作并不可怕，它只是你玩得很来劲的游戏而已，就像一个人爱打高尔夫，或者玩别的他爱好的游戏一样。

我一直说，文明的一个罪恶是几乎没有人从事自己热爱的劳动，干自己喜欢的事情，大多数人干活只是为了衣食住行。当一个人到了出于喜爱而劳作的境界，那是他的幸运，因为他自己愿意干。这套哲学就是冲着这种境界去的，不过，达到这个境界的前提条件是学会保持积极的心态，至少在生活的大部分时间要保持积极的心态。

在和我一道创立这套哲学的人士中——这些人都是一个时代各个行业的杰出代表——这些成功者中，只有一位我感觉算是近乎做到了成功而不失内心平静，他就是约翰·巴勒斯（John Burroughs），无疑他是距离那种境界最近的一位人士。其次是爱迪生先生。

我想把卡内基先生排在第三位，我告诉大家为什么。晚年的卡内基先生醉心于找途径、想方法，把自己的财产交出去，用在有益的地方，几乎到了痴癫的程度。他晚年执着的一件事就是在有生之年将这套哲学完善，送到人们手里，向他们传授知识和方法，帮助他们在不侵犯他人权利的情况下，获得包括金钱在内的物质财富。这是他在世间最想做成的事。

卡内基先生于1919年辞世，那时候我还没有把这些形诸文字，连缀成册。不过，卡内基先生已和我深入讨论过了，还反复考证了我的17条原则中的15条。

有两个人让我一直感到遗憾，因为他们见证了我失意困顿的日子，却没能活着看到我成功的那一天。这两个人一个是我的继母，另一个就是卡内基先生。在我迷失方向时，他们手把手为我指点迷津。要是两位贵人能亲眼看到今天的我的成就，对我而言，那该是何等的乐事。我毕生的努力也值了。

我不知道，此时此刻他们是不是就站在身后看着我。知道吗？

有时候我断定，有人在操纵、指挥着我，因为我说的话、做的事，都超出了我的知识能力。

我注意过，近几年来尤其明显感觉到，我做的那些被人称道为精彩的、了不起的事，都是这个站在我身后的人指挥我完成的。每每在紧急关头，在必须做出重要决定的时刻，我几乎都可以感觉到是他在告诉我该怎么做。我似乎转头就能见卡内基先生实实在在地站在那儿，影响着我。

我现在可以跟各位说明：如果只与那五六百名成功人士合作，其他什么都没有，我绝不可能进一步深化发展卡内基的哲学理念。只与人合作肯定是不够的，我还需要其他东西。以前我从没有提及，因为我不想让人觉得我是受人恩惠，占了便宜，或者我有的别人没有。我的真实看法是，别人没有的，我也没有。我觉得在某时刻的启示或感应之源，大家也会有。你和我都可以得到它。这一点，我发自内心地相信。

希望与信念向导

接下来是一对向导：希望与信念。灵魂中若是没有永恒的强烈的希望和信念，人生能走多远？没有希望与信念，也就没有值得努力、追求的东西了。人一定要找一套办法来保持积极心态，因为有些东西能把希望与信念摧垮。人群、环境、不可控的情况会突然出现，突然发生，必须有一套方法来应对，消除消极影响。据我所知，没有哪种方法比我使用的向导法更好，因为向导为我所用。我向很多人传授过向导法，他们也收获和我一样的成效。

爱与浪漫向导

接下来又是一对向导：爱与浪漫。你只有把要做的事浪漫化，才能把事做得有意义、有价值。换句话说，一个人要在所做的事里添加一些浪漫，不然毫无乐趣。

当然，如果心中无爱，就不配做人。低等动物和人的主要区别是，人能够表达爱意。爱是奇妙的，也是伟大的。爱是伟大的缔造者，也是健康的构筑者、维护者。拥有强大的爱的能力，就有了比肩天才的权利。这一点绝对真实。

在我的生活中，爱与浪漫这对向导的职责就是让我与生活中的事物友好相处，保持身心年轻。不仅如此，他们还让我保持热情，让我热衷于所做的事情，剔除单调乏味。

我没有所谓的刻苦。我不是刻意去做任何事，做什么都是玩着做，我做的一切都是出自热爱。

当然，我承认，一个人还没有取得一定的经济地位，没有忘却谋生之时，有些事情还得考虑，有些工作会少些乐趣。不过，你要是处处留心，就可以形成一套方法，把自己做的每一件事，哪怕是洗碗、挖沟，暂时变成热爱的劳动。我回家后常帮助卢安妮洗碗，不是因为她不会洗，而是因为我愿意感受。我这么做收获了很多快乐。

我还到屋外的花园里干点活儿。我要是不做，卢安妮自会去做，那么我就被剥夺了种花锄草的乐趣。学会过简单的生活，活成一个人而不是活成衣服架子，此乃一件美事。

学会把爱与浪漫的习惯融入生活，摸索出一套办法，让爱与浪漫体现在你所做的一切事情上。

智慧向导

最后一个是智慧向导。它管理着其他 7 位向导。它的职责是让其他 7 位向导积极主动，永远为你效劳，还引导你去适应生活环境，不论良好的环境，还是不良环境，并从中受益。

我可以如实地跟各位讲，我的生活就像磨坊，将外界送进来的东西全磨成粉。我把送来的一切化作有利因素。越是让人不愉快的东西，我就越能把它变作好东西，因为我会把它一磨再磨，磨出来的只有面粉，只有好东西。生活中的任何经历，不管是好是坏，只要你能适应它，都不会丢失。如果你有一套办法，自可以从人生的每一次经历中获益。当然，你若只顾放任自己的情绪，在不愉快的经历面前甘拜下风，那么你招致的不愉快经历就会比愉快的经历多。

不良的环境有一个特点：它们是怯懦的。当你做好心理准备，说："来吧，小家伙，我这里正好有一套套马的挽具，我要叫你们去干活。"它们就躲到一边去了。知道你要使唤它们，它们就不会经常来找你了。

你要是害怕不良环境，它们就会成群结队地跑来找你。它们会从后门进，从前门进，在你不经意间、不防备时一下闯进来。我特别不想招引不愉快的经历，倘若它们不请自来，挡了我的道，它们肯定会在我的生活磨坊里被碾成粉末。我一定会把不利转化为有利，不会向它们低头。为什么？因为我有一套办法对付它们。

各位同学，希望你们自己有一套办法，希望你们也教其他人掌握一套办法。

管理消极影响

始终警惕是保持积极心态必须付出的，因为积极思维是有对立面的。首先，人的消极自我在千方百计争夺对你的人生的驾驭权。各位知道吗？有些东西就是从消极方面争取对你的人生的控制权。你必须始终保持警惕，不能让它们得了手。要不断消解积聚起来的恐惧、疑虑和自我束缚，防止它们占了上风，进而成为思想的主导因素。

其次是你身边的消极影响。消极的人可能是你的同事，可能是和你共同生活的人，也可能是你的亲戚。稍不留神，潜移默化，你就和他们一样。或许你不得不和某个心态消极的人同室而居，但是，不能因为这个人，自己就变得消极。我承认，虽然做到独善其身有点困难，但你是可以做到的。像我已经做到了，"圣雄"甘地也做到了。看看甘地是怎么做的，看看他是怎么抵制自己不想要的东西的。

另外就是一些与生俱来的消极品性。你只要把它们找出来，知道是哪些品性，就可以将其转化为积极的品性。很多人天生就有消极品性，例如，一个人生于贫困，亲戚都穷困，邻居都穷困，他看到的、听到的只有贫穷。我出生的环境就是这样，它也是我最难战胜的困难之一——天生怕穷。

还有为缺钱焦虑，为自己的事业和职业生涯进步太慢焦虑。

你可以花大部分时间为这些焦虑,也可以把这种心态转变为想方设法克服焦虑。要多想想积极的方面,不要总想消极的方面。纠结于消极面于事无补,只会让你越陷越深。这就是焦虑的全部后果。

还有,你对异性可能存在单相思,有情感挫折。你当然可以费时费力,最后像很多人那样折腾进精神病院,但是,这不值得。值得我为之发疯的女性我还没见过呢。我有一个了不起的太太,我很爱她,她是我的宝贝,可是我不会为她失智发疯。假如非要我搞到精神错乱才能拥有她,那还是算了吧。

不要让单相思把自己弄得心态失衡了,但很多人是这样的。解决单相思问题,应保持积极的心态,认清你的第一责任,这些都要靠你自己。所以要把握好自己生活的节奏,不要让别人把你的节奏扰乱了,不管感情问题还是其他问题。

接下来是疾病,真有病和臆想有病都算在内。你感觉身体可能出了状况,为此忧心,去医院检查后发现其实身体没有问题。这种现象在医学上称作"疑病症"(hypochondria)。所以,要从健康角度想问题。如果你对自身健康没有积极的态度,没有培养一种健康意识,你就会花大量时间酝酿消极情绪。

心态可以极大地影响健康,这一点是毋庸置疑的。各位有兴趣不妨一试。你感觉身体欠佳时,就去接收一些好消息,看看身体恢复的速度有多快。你没有这样的经历吗?当你感觉很不舒服时,用一个好消息就可驱散不舒服。

再就是心态不够宽容,对所有事情缺乏包容心。这给一些人造成了不少麻烦,也使消极心态持续下去。

另外是过于追求物质财富,这一点我在前面已经讲了很多。

再就是没有一个明确的主目标，没有一套清晰的、自己信奉并指导生活的哲学理念。绝大多数人没有生活哲学。他们靠不择手段、靠机会、靠环境生活，像风中的枯叶，任风吹向何处，却无能为力。因为没有生活哲学，无规则可循，他们托命于侥幸和运气，而其实不幸才是其主宰。

人必须有一套生活哲学。我们有很多精致的死亡哲学，但我更感兴趣的就是我们现在探讨的东西。你靠生活哲学活着，活得让四邻八舍感觉你有魅力，喜欢你。有你在，他们高兴，你也很快乐。你不仅有幸福感、满足感，心灵也很安宁，还把这种状态映射在每一个跟你接触的人身上。人就应该这样活着，每个人都应该在这样的心境里生活。

最后一个问题也不容忽视，就是不要习惯于让别人替你思考。你要是这么做，就永远不会有积极的心态，因为你没有自己的思想。

每个人都渴望拥有财富，但并不是所有人都知道什么财富是永久的。下边列举了十二大财富，希望各位熟知。一个人要想富有，这十二大财富的每一种都要恰当地配比，不能偏废。

我按重要性排序，大家看看，钱排在什么位置？第十二位。要想活得圆满，活得安稳，其他十一项财富都比钱重要。

（1）积极的心态；

（2）健康的身体；

（3）和谐的人际关系；

（4）免于恐惧的自由；

（5）成就未来的希望；

（6）实践信念的能力；

（7）愿意分享福祉；

（8）从事所热爱的劳动；

（9）对一切事物有包容心；

（10）绝对自律；

（11）有理解他人的智慧；

（12）钱。

09
第九章

自律

我想请各位看一看我的文章《挑战生活》（*A Challenge to Life*），文中叙述了我如何面对个人事业生涯中最惨痛的一次失败。看罢你们就知道我是怎样顺势而为，化不利为有利的。坏事临头时，我真想出去找人干一架——我不是说思想较量，我说的是拳脚肉搏。遇上那种事，迫不得已拎一支左轮枪，跑到树后把事给解决了，也说得过去。不过最后，我还是选择了利己也不损人。我决定写一篇文章抒发一下心情：

生活啊，你想让我屈服吗？不可能！因为我就没太在意你的那套约束。你想让我伤心吗？我就笑，笑对痛苦，无感。无论在哪儿，我都会品味你的欢乐，只要我找得到。你带来的悲伤吓不倒我，也不会让我沮丧，因为我的灵魂充满了欢笑。

暂时的失败不会叫我难过。如果失败是歌词，我就按词谱曲，把失败变成一首歌。你带来的眼泪不适合我，因为我钟爱欢笑，又因为我喜欢笑，我就用笑代替悲伤、痛苦和失意。

生活啊，你就是一个狡诈的骗子——可别说不是哦。虽然你让爱的情感悄悄溜到我心底，但是你把它用作刺扎我灵魂的荆棘，好在我学会了用笑避开你的诡计。你试图用对黄金的渴望来引诱我，但我却愚弄了你，沿着通向知识的道路走。你诱使我广结友谊，而后再把朋友转变为对手，好让我变得心硬似铁，可我对你的企图付诸一笑，用我自己的方式择朋交友，一举避开你的鬼影。

我做生意，你叫人给我设阱挖坑，让我对谁都不信任，可这次我又赢了，因为我拥有一笔谁也偷不走的宝贵资产——这就是想我所想、做我自己的力量。你拿死亡威胁我，而在我看来，死亡无非是一场漫长而平静的睡眠，而睡眠却是人最为甜蜜舒适的体验（除了笑）。你在我心里点燃希望之火，又在火焰上泼冷水，而我则会重新点燃这堆火，让你的诡计落空——到时候，我还会嘲笑你。

你没办法诱使我不笑，没办法恐吓我屈服。既然如此，我要为一生欢笑举杯庆祝！

各位可能觉得，当本该忠心于你的人伤害了你，对这样一种不愉快的经历，情绪有所反应很正常。我在生活中遇到的这类事情太多了，于是，我养成了一个习惯：总是本着善意应之处之。

我想再给各位讲一个事例，我觉得这个事例对所有研习这套哲学精髓的人来说都是有教益的。

我写完了《思考致富》，带着书稿找到纽约的一位著名出版商，把稿子递给他。他说：他们喜欢书名，很可能考虑出版。几个星期过去了,其间,我不断打电话,写信询问,可每次他们都让我再等等,就是不给个准信。

6个月过去了,我跑到麦迪逊大街,直接找到这家出版商的办公室,对一个管事的人说:"我今天来到这儿,要么把稿子拿走,要么签合同,我得有个定数,不然我就待这儿不走了。这么磨磨蹭蹭,没个完,我受不起。这里面有什么藏着掖着的事,我会搞清楚的。"

那个管事的人伸手从办公桌底下抽出我的书稿,一脸尴尬地赔着笑说:"希尔先生,鄙社向您道歉了。稿子拿过来以后,我们几个审读员都看过了,每个审读员都反馈了意见,认为这本书稿是本社收到的最优质的稿子。因此,我们有了一个想法,打算自己写一本书,现在已经写了,用的是另一位先生的名字,他和您是同行。我们付给他1000美元,可以署他的名出版,但不用付给他版税。我们的书稿不如您写得好,不过销路不成问题。我们打算投资100 000美元为它做广告。一直留着您的稿子,是要等我们的稿子写完。不过,我们的书可能会先上市。"

"干得挺漂亮啊!"我说,"你们还有出版道德吗?"我拿回我的稿子就走了。

我回去跟我的律师说了事情的经过,他满脸喜色:"好长时间没有这等大好事了。那本书他们卖出去一本,我就帮你收一本的版税,卖一本收一笔。"

"等等,我的朋友,"我说,"那书的版税你别收了,也别找谁打官司了。"

他说:"哦!状是要告的,官司是要打的,而且我肯定能赢,我有把握，所以这案子我免费接了。接这案子得到的收益，我就抽一点点。"

"我就知道你想这么干。"我说，"我打算把这案子交给一个法庭审理，交给出版商不知道的法庭去审，到了那儿，我要这个法庭审一审这案子，也要等到那本书销声匿迹了，早被人忘得没影了以后再审，届时《思考致富》将隆重登场。"

当今的世界就是这个样子。我有办法反击伤害我的人，我绝不逆来顺受，打碎了牙往肚里咽。欺负我、伤害我的人，必遭反击。我的反击很激烈，也很有效。办法就是帮伤害我的家伙一个忙，而不是以牙还牙，冤冤相报。请各位相信我，这样做是在评价自我，评价世界。

对伤害过你的人或想伤害你的人进行回击，是缺乏自律的表现。如果你把自己降低到谁羞辱你、中伤你、欺骗你或者意欲这样对待你，你就报复谁的低水平，恰恰说明你还没有真正认识到自己的力量，还不知道凭这力量便能获益的方式和手段。千万别那么做，那样的话，只会拉低自我评价。

好办法是有的，顺手的武器是有的，我想把它教给各位，有了它，你就可以保护自我，抵御一切可能伤害你的人。要运用本课所学的自律之道，切勿让别人把你拉低到他们的层次。你设定一个层次，希望在这个层次上与人打交道。如果对方愿意上到你的层次，那就没问题；如果他不愿意，就让他待在他的层次上好了。这其中无罪过可言。不管怎样，要将自己的层次定得高些，站正立稳。希望各位内心秉持这种认识，也希望将来这个认识和我的认识一样。

过去我常还手回击，随身带一把六响左轮。很久之后，我才想明白，揣把枪、带杆炮对我来说没什么用。我现在有保护自己的好办法。我有头脑，知道用头脑能做什么，而且，我从来不缺保护。

回到我的那篇短文《挑战生活》。有一则趣闻，各位也许会觉得有趣。就是因为这篇短文，"圣雄"甘地关注起我的哲学，还叫人把文章印发给全印度。这篇文章已经影响了数百万人，相信它后续还会对更多人产生有益的影响。

文章能产生有益的影响不是因为文采多么出众，而是因为文字背后的思想。对待生活中令人不愉快的事情，你可以有两种反应：一是让生活征服你，二是谁也征服不了你。

每天早上起床，我都会看那一张我最喜欢的我太太的照片。当时为了抓拍到我想要的表情，我拍了100多次。那表情就是当年我向她求婚时，她脸上绽现的表情。之前，我还从未见过有什么如此圣洁、美好，那是我见过的最美的表情。我试了一次又一次想抓拍它，最后终于拍到了。我把它保留在照片里。她的笑容无法用语言描述。走进房间看见照片，只要看一眼那笑容，你一定会相信，那藏着很有灵性的东西。

比林斯利先生一家人到我家做客，他的两个小家伙睡在我的寓所，其中一个小家伙问我："对了，照片上的女士很美丽，她是谁？"

我答："是我太太。"

"哦，她真美！"他说，"美得可以当电影明星了，是不是？"

"是的，我也觉得她能当。"我说。

若灵魂有笑声,脸上就有笑容。我想告诉各位,你不会缺朋友,不会没机会,不会没办法保护自己,不知笑为何物的人碍不着你。

自我暗示

自我暗示就是对自己暗示,通过暗示把主导思想和行为传递给潜意识,运用自我暗示,让自律成为习惯。

自律的起点就是目标明确。各位会注意到,我们讲的这些课,你总要选择一个角度去听,但无论怎样,你绕不开"目标明确"这四个字。它突显于眼前,不容你视而不见,因为它是一切成就、业绩的起点。好也罢,坏也罢,可以确定,你的每一样作为就是从目标明确开始的。

为什么要把明确的主目标写出来,记住了,还要日思之、夜想之,就像履行一种仪式?为的是让它进入潜意识。让潜意识渐成习惯,认同它经常听到的东西。你可以一遍遍把谎言告诉潜意识,最后,连你自己都分不清它是不是谎言,潜意识也分不清楚。据我所知,有些人就是这么做的。

固执的欲望是发动机,它使目的确定性变得生动而具体。我们前边已经详细探讨了愿望、希望、欲望、强烈的欲望和信念。

怎样才能把一种欲望变成一种固执呢?办法就是要在内心承认欲望,呼唤欲望,在生活的境遇中见证它变为现实。

例如,你心里老惦记着要是有钱就买一辆崭新的凯迪拉克,可是现在,你开的是一辆福特。你想要一辆漂亮的新款凯迪拉克,却挣不来那么多钱,怎么办?

你要做的第一件事就是去找凯迪拉克销售商，拿一份新款产品的目录，从头到尾翻一遍，选出你想要的型号。每次坐进你的福特车里，在打火启动前，先闭上双眼停一会儿，想象自己坐的是一辆崭新漂亮的凯迪拉克。当它一路轰鸣驶过大街时，你要即刻想象这款凯迪拉克就是你的。那一会儿，你开的就是凯迪拉克。

这话听起来很蠢，是吧？其实不蠢。我向各位保证此话不蠢。有一天晚上，我在华尔道夫酒店（Waldorf Astoria Hotel）就发了一回痴。我把自己臆想进了我的第一辆劳斯莱斯。我说了，不出一星期，我一定要拥有它，尽管我银行里的钱不够。

那天，我有一个学生也去听讲座，他恰好有一辆劳斯莱斯，和我说的是同款，连橙色的车轮都一样。第二天，他来酒店找我。他说："您请下楼，希尔老师，我有您说的那款车。"我下了楼，他果然有车。他也已经办好了转让手续，把钥匙递给我。他想教我几个开劳斯莱斯的技巧，这样可以发挥车的最佳性能。他带我顺着滨河大道（Riverside Drive）行驶了一小会儿，而后他下车，与我握手，说："希尔老师，我很高兴也很荣幸让您拥有这辆漂亮的车。"一个人能这么做，够神的吧？价钱他只字未提。他说："您比我更需要它。我倒不怎么需要，而您很需要，我想让您拥有它。"

各位能想象一个人跟另一个人能这么打交道吗？能，怎么不能！大家都是我的学生，知道咱们之间的关系。你不用想就知道，我的学生能做出这种事，就好比如果你需要我帮忙，找到我了，你可以大大方方地接受我的帮助，就像我接受那辆劳斯莱斯，这还用想吗？

欲求需慎重

因欲望而倾心于某事物的时候，各位务必要谨慎，因为潜意识会着力把这种欲望转变为实在具体的对应物。

我要告诫各位，要慎重对待自己倾心追求的东西，因为你如果遵循本课的教导，一心一意地去追求目标，坚定不移，你是一定会成功的。在对某个事物产生欲望之前务必确认，你所渴望得到的（或她或他），你心甘情愿与之相伴相随。

在内心仔细想象一下自己最渴望得到却难以得到的东西，而后，确认你希望它陪伴你一生，这当然是非常美好的过程。不过，在想象之前，一定要慎重选择你要想象的东西。

为了构筑这套哲学理念，我和500多位人士合作过，他们个个都是巨富。他们一个个家财万贯，内心却不平静。在想象财富的时候，他们忽略了一点，那就是连同生活境遇一并想象。有了生活境遇这个条件，他们才不至于崇拜财富，财富才不会成为负担；在和同胞们相处的时候，他们内心才会平静安宁。他们没有学过这门课，要是早些时候他们有机会学习这门课之后再当富豪，他们肯定懂得用财富来平和心态，这样就不会为财富所累。

在我看来，这个世界上最可悲的是，很多非常富有的人除了货币财富一无所有。

另一件最可悲的事是不劳而获，一下子拥有巨大的财富。我敢肯定，这样的人注定一辈子不幸福，不快乐。

这话我只有一次没说准。小约翰·洛克菲勒（John D. Rockefeller Jr.）继承了巨额财富，用这笔财富行高义大美之举，不过，他是我知道的唯一有此举动的一位。

我还知道一个人，和小洛克菲勒的举动相近，此人就是我的长子，现在是一家公司的老板，这家公司是我 21 岁时创办的。如今我儿子身家千万。他养育我那几个孙女的方式令我乐不可支：想要钻石项链吗？那就去伍尔沃思（Woolworths）买便宜的，不去蒂芙尼（Tiffany）买。我儿子叫她们这么做，孙女们也愿意这么做。有一天，我的一个孙女想要一件东西，我儿子和儿媳觉得，按孩子的年纪，那东西该有了，就是有点贵。于是，她妈妈说："你去买一件相似的吧，当你穿戴上，没人会看出来有什么不一样。"

也就是说，我儿子养孩子是穷养，只当他没钱。其实，他将继承一大笔财富。不过，比照前边说的那话，他也算是一个例外吧，因为他不想让钱败坏了自己。我为他骄傲。我觉得，这也许是因为在他小的时候，我零零星星地把这套哲学理念传授给了他，他牢记在心，永志不忘。

思想与意志

你唯一可以完完全全把握的东西是思维能力，而把握它要靠意志力。人类在被赋予对某一事物的控制权的时候，一定是在所有事物中挑选了最重要的。这是一个伟大的事实，值得各位深思，再深思。如果你对此做了思考，自会发现通过自律完全把握了自己思想的人，成功的机遇有很多很多。

自律可以练就健康的体魄，自律可以实现个人心态的和谐，从而获得内心的宁静。我拥有这个世界所有我需要的，可以为我所用或者我希望获得的东西。假如当初我没学会自律，我就不可能有如此丰硕的收获，因为自律即是获取之道。

曾有一段时间，我搁在银行里的钱比现在多得多，但往昔之富有绝对比不了今天之富有。我今天依旧非常富有，因为我心平气顺，不存一点怨恨，没有焦虑，没有畏惧。我靠自律学会了如何使自己的生活和谐。虽然面对所得税专员，我可能做不到心静如水，但是，有一位"大哥"就站在某个地方，为我指向引路，我和他从来都是和平相处。如果我不学习自律之术，用积极的而非消极的态度对待生活中的不愉快，我是不会同他和睦相处的。

我不知道如果此时有人无缘无故走上前来打我耳光，我会做何反应。我感觉我还不缺人之常情——我一定会攥起拳头，如果离那人足够近，我很可能会一拳打在他太阳穴上，把他打倒在地。不过，如果我有几秒钟的考虑时间，我就不这样做了。我会可怜他，而不是恨他，我可怜他是一个傻瓜。

以前我做了很多事情，但方式方法不对，现在我做事的方式方法是对的。因为我学会了依靠自律正确地做事情，所以我能和他人，和这个世界，特别是和我自己平和相处。无论你拥有别的什么财富，拥有平和相处这笔财富是很幸运的。如果你跟自己，跟同胞，跟与你共事的人都不能平和相处，你就不算富有。

只有靠自律学会和所有人、所有种族、所有信条和睦相处，你才会富有。在这里听我讲课的有天主教徒、新教徒、犹太教徒，还有不信教的人——肤色不同，种族不同。在我看来，他们全是一样的肤色,有一样的宗教信仰,我不知道差异何在,我也不想知道差异,因为在我心里不存在差异。有一段时间,像差异这类琐事常惹得我生气,或者至少让我感觉我与同胞的关系别扭。现在我不会让这种情况发生。

我们生活的这个世界,特别是美利坚这个大熔炉,是有一些祸根的,其中一个祸根就是我们没有学会如何与他人相处。没学会如何和和睦睦地生活在一起。我们没有学会,还在学的过程中。等大家把这套哲学理念心领神会之后,我们的生活环境就变得美好了。我希望这套哲学理念也能传播出去。

自律能够让人把心思凝集在想得到的事物上,不去想不愿意要的东西。这次课对你没有别的帮助,只是让你养成一种习惯或者执行一个计划:从此以后,专注于自己欲求的事物,不再为不想要的事物费神。如果是这样,那么你为这门课花费的钱和时间必将百倍千倍地返还给你。只要你通过自律学会不再琢磨自己不想要的东西,如苦恼、失意、伤害你的人等,你一定会经历一次新生,碰到一次机遇,体验一种新生活。

我现在跟各位说这个,要比你实际去做容易得多。我当然知道,在你没钱的时候,让你时刻惦记将来才有的钱,是一件多么困难的事。我清楚得很呢,因为我试过。我懂饥肠辘辘的滋味、无家可归的滋味、无朋无友的滋味、无知文盲的滋味。我知道一个人在不识句读、没有知识、贫穷不堪的状态下,你让他去想着做一位非凡的哲人向世人推广一种理念,传道解惑,有多么困难。

这些我全知道,但我做到了。对于我已经克服了的东西,我相信各位也能做得出色,不过,你得先做个管事人,管住自己的头脑，让它时刻想着你想得到的东西、想要干的事、你喜欢的人，让它没时间去琢磨你不想要的东西、你不喜欢的人。

我的这套哲学思想功效很大，因为它影响的是从事各行各业的人们的思想、头脑和心灵，能够帮助一部分人深刻认识自己和他人，帮助人们理解为什么要自律，为什么不要回击那些伤害、诽谤、诬蔑自己的人。

最初那段时间，我被报纸诽谤、诬蔑了不知多少次，可以说数不胜数。我的几位律师多次要求我回击。我说："我在回击啊，我要表现得更出彩，凭这来回击他们，让世人把我的名字牢记在心里，这样等办报的人死了，也会在坟墓里不安。"

有一个叫鲍勃·希克斯（Bob Hicks）的老人，是一个推销员。他不喜欢我，因为我出版了《黄金法则》这本书。本来他想第一个使用这个书名，但我先他一步用了。希克斯只要逮着印东西的机会就说我的坏话，有些诬蔑的话是很害人的。我在芝加哥的律师哈里·威廉姆斯先生（Harry S. F. Williams）一再要求我起诉打官司。他说："我退休前，一定把他的印刷机、房子和财产全给收了！"

"不可以，别这样。"我说。

"为什么？"

"我才不让他停下不印呢，他印出来，让好多没听说过我的人都注意我了。等他们看了我的履历，跟他一比，我哪有不赢之理？为什么着急制止他呢？"

我讲这些事，不是为了展现我多聪明、多成功。我觉得，各位将来一定不会听到有谁像我这样讲遭遇了那么多次失败。我有过很多次失败。我是在提请各位注意我经历的一些很私人的事情。我在现场，是当事人，我是交易方。我了解事情的经过，知道做何反应，这比我跟各位讲我听来的事例好得多。

我经常讲自己经历过曲折跌宕的事情。据我所知，我这样的经验和阅历是其他作者一辈子不曾有的。没有哪位作者比我的经历丰富，而且其中至少50%是失败经历。一个人能扛过20年或25年的失利、失败和阻碍，从中脱颖而出，教别人和他一样成功，是不是很精彩？是不是一种成就？凡我说过的或今后要说的，可能人称有变，但都有根有据，因为放在正常情况下我经历的事情早把我打败了，好在没有。我现在正在教大家如何照我的样子做。

三道精神墙

我想着重谈谈自我保护、抵御外力的三道精神墙。我希望给各位留下一个深刻而持久的印象：想办法保护自己不受外界影响，很有必要；不然，外界会扰乱你的心智，激怒你，让你不高兴，让你畏惧，或者以某种方式占你的便宜。

我本人有这么一个防护体系，它像魔咒一样灵验。

当各位和我一样，全世界有很多人认识你，和我一样有许多亲爱的朋友争相与你邀约见面，这时候，你必须有一套办法来选择有多少人你想见，有多少人你不想见。一定要有一套办法。你也许刚开始没有，我最初也没有，但是现在有了。我的朋友、我亲爱的朋友、全世界我所热爱的人太多太多了，我若是没有一套办法来阻止他们，那我的时间肯定全被他们占完。我希望他们当中的大多数以我的著作为媒介，与我交流，这样，我能接触到无数的朋友——可是，如果他们要亲自来见我，我就得有一套办法来算一算在规定时间内能见多少人。

这套办法就是三道虚构的墙，说虚构也不是很虚，是实实在在的。第一道墙是宽墙，从一端延伸至另一端，墙体不是很高，但也足够高，有事想翻墙来找我的人翻不过来，除非他有很充分的理由想见我。做我的学生，每人都有一架梯子，可以翻过这道墙，不必征得我同意。

外人没有当我学生的特权，自然就得翻这道墙，而且还要走正式程序联系一下。他们不能直接上来按门铃，或者直接给我打电话。因为电话簿里没有我的电话。一定得走程序。

为什么我要立这道墙呢？何不把它放倒，让大家都来跟我见面，给我写信？我也每信必回？

曾经有一次我收到了5个邮袋的信件，邮袋都被塞得满满的。我连信封都看不过来，更别说打开看里面的内容了。我又没有秘书专门负责拆信看信，所以，成千上万封信原封未动。现在不像以前那样难以应付，不过，只要我稍微有些动静，来自全国各地的信件就会纷至沓来。

越过第一道墙之后，很快会遇到第二道墙。这道墙比第一道高得多，高好多倍，有梯子也翻不过去。

对各位同学来说，有一个办法可以翻过去，我悄悄告诉你们是什么办法：你有我想要的东西。如果我相信我为你付出的时间对你我双方是有利的，这道墙你可以轻松越过；如果只有利于你，而无利于我，这墙你不大可能翻得过去。

虽有例外，但是极少。我会动用我的判断力来确定在什么地方例外，在此不存在什么私心。这是必需的。

等越过了第二道墙，你会再遇到一道墙。这墙很窄，却无限高。没有一个人能跨越它，连我老婆也跨不过去。因为我爱她至深，我俩亲密无间，她甚至都不想翻越这道墙，她知道我有我的灵魂庇护所。我到了那里，才能尽情发挥。我要写书的时候，便退到灵魂庇护所，把书摊开。当我走到生活的十字路口，不知道该往哪条路上走的时候，我就躲进灵魂庇护所，寻求指引，而我总是能得到指引。

难道你还认识不到，有这样一个免疫系统是多大的好事？这个免疫系统多么有效？你的首要责任就是对自己负责——莎士比亚有几句诗写得十分精彩："汝必须对自己忠实，而后才不会对他人虚情假意，恰如有夜有昼，昼夜相继。"

我头一次读到这几句诗，激动之情透入骨髓。后来我读它读了几百遍，还吟诵了数千遍。你的首要责任是对自己忠实，这话是多么真实啊！保护自己的思想，保护内心意识和自律，为的是把握自己的头脑，引导它去想你想要的东西，不去想你不想要的东西。这就是你的特权。

5种品质要改善

接下来，把你需要自律的或者需要改善的5种品质列出来。你多完美，我不考虑。你要是对自己真诚，只要沉下心来，肯定就能发现有些品质需要改善。你若找不到，就让你先生或太太告诉你。

有时候，你也不必问你的另一半，他或她自会告诉你。不管怎么样，还是要找出自己性格中需要改变的5种品质，把它们写下来。

先列出缺点，弄清是哪些，记录下来，保证随查随验，而后着手改变，克服缺点，弥补不足。

找到5种需用自律加以改良的品质之后，就要培养与其相反的品质。如果你以前不习惯和他人分享机会或福分，那现在就开始分享，再怎么难受，也要分享。就从你脚下起步。你很贪心，那就做慈善；你爱传闲话、小道消息，那以后就一句不说，改闲话为赞语。

阿尔·卡彭（Al Capone）被送进佐治亚州亚特兰大的监狱后，政府想从他嘴里套出一些线索。他们没得到线索，于是选我去，认为只有我能做到。美国总检察长直接负责安排我去监狱获取线索。他本人体验过这套哲学，跟我有交往，他相信我能办到。

我到了亚特兰大，连做了3场报告，请所有囚犯来听，包括阿尔·卡彭。我在报告里狠批有些人只寻思别人身上的坏，从来不看别人身上的好，为我从卡彭那里获取我想要的线索做铺垫。接下来，我称赞了在押的犯人。我说，不论别人如何看待他们，他们身上依然具备一些好品质。我更注重好品质，而不是坏品质。我以著书立说为业，我打算在那里多花点时间，尽我所能，在牢狱之人身上发现一些良好的品质，我要找几个志愿者。有谁想要跟我讲讲他的某个长处、优点，我一定想办法让公众了解他的这个优点或长处。

第一个报名进图书室跟我谈话的人就是阿尔·卡彭。我事先已经盘算好如何搞定他，不过我用不着动用全部计划，他是自己送上门的。

各位不知道吧,我一直在履行我对阿尔·卡彭的承诺,虽然现在他已经死了。从接触他开始,我一直在这么做。我讲在他身上找到的好的方面,虽然不是很多。例如,他出钱供七八个男女学生到西北大学(Northwestern University)念书,直到毕业,要不是他慷慨相助,那几个孩子无论如何也进不去大学。他们并不知道是谁在资助他们。我相信他说的是实话,我向管理这笔助学金的人核实过。

在听他讲述的过程中,我绕着圈子问了他几个问题,这几个问题包含了我替政府打探的线索。他的所得税情况与其他一些案件并无关系,那些案件阿尔没有参与,参与的是他的一些同道。我称赞他,说他这好那好。你知道一个人在哪些方面好,你就跟他讲那些方面,他整个人都不一样了。你能看出来,他愉悦又兴奋。

我虽夸奖了他,但没有夸得太过火。过火了,对方会疑心你有所图,一定要适度。某人走到我跟前,握着我的手说:"拿破仑啊,我一直想见见你。你写的书太好了,我很喜欢,我只是想告诉你,我已找到了自己。我在业务上做得很成功,这应该归功于《思考致富》和《成功法则》这两本书。"我觉得,这人是在说真话,有他的声调、眼神和握手方式为证,我会感觉很受用。

他要是站那儿把我夸得没边没沿的,我立马知道他要扯其他事。

接下来,你把离你最近的人的全部性格特点列个单子,这些特点是你认为需要用自律加以改善的。这个单子你会轻松搞定,一点也不费事。请注意,你给别人的性格特点列单子,和你检查自己的性格特点相比，难易度是有差别的。

自查是一件很困难的事。为什么？因为人都偏爱自己。人常认为，无论自己做什么，无论结果怎样，都一定是对的。如果不对，那总是别人的错，不是自己的错。

近日，我打算叫一些人来，跟我讲一讲他们先前与人长期不和的情况，结果发现在他们学了这套哲学之后，问题不在对方身上，而在他们自己身上。

于是，他们从自律做起，改变自己。结果呢，自己的屋子干净了，对方的屋子也干净了。你不挑自己的毛病时，你能在别人身上挑出无数个毛病，多得吓人。我觉得，每个人不要急着谴责别人，应该先照一照镜子提醒自己："请注意，伙计，谴责别人之前，散布别人的八卦之前，好好看看自己，看看自己是否没一点毛病。"

记得《圣经》里的那段吗？"你们中间谁没罪的，就让他扔第一块石头。"你练习这个，你将到达一个境界：原谅别人一切事。非但不会因为有些事你不喜欢而憎恶他们，反而会可怜他们。什么时候你把憎恶化作怜悯，也就走过了漫漫长路，成为大人物，因为大人物都是这样做的。他们学会了把此生的憎恶化作对犯错人的怜悯。

斯通先生做了很多自己引以为傲的事。有一次，我们俩参会，和几位绅士坐在一起，他们从瑞典买了一种治疗关节炎的药并带到美国。那种药在那个古老国家里家喻户晓。他们想把它引进美国。斯通先生问过几个问题才发现，带药到美国的人是从制药的药剂师那里搞到的，而药剂师是在一家公司的赞助下制成了该药，同时那家公司已为他研制该药投入了好多钱,之前他们还支付了他至少20年的高薪水。

现在,那人把药从公司偷出来,带到美国,想卖了它。斯通先生说:"够了。我嫌这药脏,按我的规矩,这是地地道道的盗窃行为,我不和小偷做生意。"

哦,好样的!那一刻,我为他骄傲,因为我也是这么想的,也等他做出反应了。我是和斯通先生的思想意识相类似的人,做出的反应就是这样。

控制思想意识

最重要的自律当然是控制好自己的思想意识,控制好自己的头脑,这是一切渴望成功的人都应该做到的。其实,除了控制自己的思想意识之外,其他事情都不重要。你能掌控自己的思想,你就控制了你所接触的一切。你肯定能控制得了。首先要学会驾驭自己的思想,而后才能驾驭环境,才能做到你的地盘你说了算。

甘地先生为争取印度自由奋斗了多年,他运用了5条准则:

(1)目标明确。他知道他想要什么。

(2)实践信念。他和同胞们交谈,在他们内心灌输了同样的渴望,以此有所作为,有所成就。他没干一点坏事,没有搞破坏,搞谋杀。

(3)多付出一分努力。

(4)形成一种集智格局。这种集智格局是这世界之前从未有过的。他的同胞至少有2亿人都为那个智囊团出过力,主要目标就是用非暴力解放自己，摆脱英国人的统治。

（5）自律之甚。

这几点就是"圣雄"甘地能够有能力制衡英国的原因，毋庸置疑。

自律——这世界上哪里能找到这样一个人，能忍受甘地忍受的一切——所有侮辱、各种监禁，却不让步，不屈服，也不以牙还牙？甘地回击了，就像我回击那个想要盗用我的书的出版商一样。他是用自己的武器，在自己的战场做出了回击。

这样做稳妥又保险。在不得已与人交战之时，你要选择你自己的战场，选择自己的武器。如果赢不了，那是你本人的问题。

我想让各位记住这一点，因为这辈子你少不了要战斗，不是这样斗，就是那样斗。你要制订斗争计划，绕过关口，清除前进路上的阻碍，你要比对手更聪明。做到这一点的方法不是拿对手选择的武器在对手选择的战场上反击对手，而是要选自己的战场、自己的武器。

我说的意思各位明白吗？有朝一日，当你遇到问题要解决的时候，你自会明白的。有些人反对你，你不得不绕开他们——到那时，你就会想到这次课讲的内容了。选择自己的战场，选择自己的武器。

调整自己的状态准备战斗，要下定决心，除了捍卫自己的权利外，在任何情况下都不要想着消灭或者伤害他人。

你采取这个态度，我可以告诉你，战斗未开始，你已经胜券在握了。我不管你的对手是谁，有多强悍，多灵光。你如果采取这个策略，你就赢定了。

如何知道我所言不虚呢？我本人经历了各种各样的事，你能想到的我全经历过，遭人侮辱、被欺骗、吃亏上当、撒谎、被诽谤、被污蔑，可我是越来越强大。换句话说，所有那些遭遇反倒让我深受普罗大众的欢迎。既然我知道这套哲学比普通哲学都管用，那我为什么要背弃它，让对手借势反击呢？

各位要创建一个机制，据此完全掌握自己的思想，让它全神贯注于你所选择的事物、环境和欲望，坚决不去理会你不想要的东西。

钱不够的时候，让你只想靠着教这套哲学能获得报酬，你可能感觉有点难。

我相信你将来会遇到这种境况，但是如果你很努力，你会向前看，会看到有一天你在成千上万人的心目中占据了位置，会看到有一天你从教学中赚到的钱和我一样多。

如果钱来得没那么快，暂且不要管它。账单来了，你无力偿付，总会有办法，临时对付一下。可以把它们压在地毯下，不要看，不让它们扰乱你的心绪。如果你把它们放在抬眼就能看到的地方，放在桌头，有何意义？没有半点意义。干脆藏起来，或将它们收走。当然，你迟早会想起来，但是不用担心，船到桥头自然直。

你就开始想象将来有很多很多钱的时候。我相信，这个可以实现，我就已经到了这个地步。上天没赐予你的东西，也未曾赐予我。也许上天赐予你们当中有些人的福分，我一半也没有。论出身背景，我肯定比在座的大多数人都困难。我能达到这个水平，相信各位也能达到，不过，你得把握住了。你是一个机构、一个企业，你们每个人都是，所以，必须管理这个机构、这个企业。你要发号施令，并且保证有令必行，还必须有自律能力去施行。

让你的心思不去想你不想要的东西，办法就是占据头脑，用想象看见你想要的东西。即使没有实实在在地占有，你也可以始终在精神上拥有。一件东西，要先在精神上拥有，否则永远无法实实在在地拥有它，除非有人硬把它塞给你，或者你正好路过，东西掉落你怀里。凭欲望获得的东西，一定首先在心里把它制造出来，由心获得。还要非常确定，东西就在心中。你一定要见证自己拥有了它，这个需要修炼。

这样做的好处是，通过无限智慧的引领，掌握自己的命运。自己掌握自己的思想，这岂不是一种绝佳的回报？它让你直接连线无限智慧。

有人引领我，为我指路。遇到障碍时，我只要记得有人引领我就行了。当走到十字路口，不知道该向哪条路转时，我只要记得有一种看不见的力量在指引我就行了。我唯他马首是瞻，相信他，他就始终指引正确的方向。要注意，只有实践过了，我才能够说出这样的话，知道此言不虚。

不能掌控自己的思想就会受到惩罚，这是多数人闯荡一生付出的代价，这个代价就是你经不住周遭环境的乱风，你会随风而倒，永远驾驭不了环境。

何谓随风而倒？意思是说凡你接触到的有些影响力的人都能影响改变你，如对手或类似对手的人。只要你遇到，都可以影响改变你。所有这些你不想要的东西把你推来推去，你如同被风吹的落叶，任由摆布。你若是把持不了自己的思想，这就是必付的代价。细想起来，是不是挺奇怪的？

一个人接受或继承一笔资产，可以据此宣称决定自己的尘世命运，此事的意义还不重大？你若是没有接受、使用这笔资产，随之而来的便是你会遭受重罚。你要是接受了，使用了，会收获巨额的回报。如果我没有别的证据证明有本源存在，我也认为肯定得有一个。因为这个问题太深奥了，不是人类能思考得了的。

给你一笔巨额资产，不接受就罚你，老实接受就赏你——在你用自律把握了自己的思想，引导它关注你想要的东西之后，你的经历基本就是这样。

不必介意你想要什么。想要什么是你的事，不是别人的事。希望你别忘了这一点。不要让任何人凑上前来跟你讲道理，告诉你应该要什么。谁来告诉我想要什么，我应该要什么，之前总是这样，但现在不是了。我想要什么，实现什么，没有谁来跟我说，我自己定。

避免伤害

我不会伤害别人。任何情况下，我不会做伤害别人、别物的事，连昆虫也不伤害。我在乡间公路上开车，看见路上有蛇，会小心绕开。凡不伤害我的，我都不想伤害。

有一次，我和我太太去加利福尼亚的山区游玩，在乡野的一段崎岖大坡道上，看见了一条响尾蛇。它盘卧在路边，等着老鼠、小鸟或什么傻傻的小动物出来，这样它就有一顿大餐可吃。就像我有好多次等餐的情形，可是没等来。我知道，一个人在为吃饭劳作的时候被打扰会多么糟心。所以，我没径直碾过去，而是打了个转向绕过了，车轮离蛇三尺有余。

我太太问我:"为什么没碾死那条蛇?"

"为什么要碾死一条蛇?"我反问,"它在它的地盘待着,我们是闯入者。我们跑到它的地盘上了。它不是要骚扰我们,更不可能伤到我们。"

"可能有小孩子来这儿啊。"

"听我说啊,"我说,"可能有这样的人,让孩子跑到这野岗土岭上,不加保护。不过,响尾蛇和人一样,有自己的权利啊。它在自己的领地,当然要操心自己的事了。"

而后,我俩相视大笑。卢安妮把头靠在我肩膀上,而后抱住我,吻了我说:"我爱你也因为这个,你不会随意伤害他物。"

我在勒图诺先生那儿工作时,有一回我走进了佐治亚州托科阿市的一家商店。店里卖气枪,是那种0.22毫米口径的连发枪,造型很漂亮。我看见其中一支和我小时候拥有的那支一样,那时我用那枪打兔子、打松鼠,见什么打什么。

枪令我忆起小时候,于是我走进店里,把玩了一下那支枪。现在的价钱比我当年买的时候贵了两倍。就在我要立即拿出钞票买的时候,我忽然自问:"买了枪,我拿它干什么?"

我顿觉羞愧不已——真正地感到羞愧,自己竟然还走进去看了那支枪。我不会再打兔子了。现在兔子常来我家后院觅食。经常有鹌鹑飞来我在佛罗里达的家。它们是来觅食的,如果到点没吃的,它们就咕咕叫着,喊我出去喂它们。我怎会拿把枪,把它们骗来,打死一只两只!我绝不会那么做。我不会用枪打,不会射杀任何动物。再买一支枪,对我又有何益?除了打锡罐,没什么可打了,况且我还有好多事情可做,比打锡罐有趣。

走出商店时，我听见一个售货员对店老板说了一句话，我大笑一场。每个字我都听得清清楚楚，那话一听就明白。

我走出门时，老板说："你没问问他为啥不买吗？"那男生答："没问那傻帽儿。"

那次，我为自己当了傻帽儿自豪了一番。我认为杀戮不对，伤害不对。我认为培植、养育才是正道。养育野生动物太有意思了。我可以走进乡野，随时把它们唤到跟前。我这样做过，不止一次，用它们的语言跟它们说话，甚至还教佛罗里达的那几只鹌鹑唱歌。在座的如有乡村来的同学，你肯定知道，你惊飞一群鹌鹑，它们散开想重新聚在一起时，它们就发信号，我教它们唱这个集合信号。

有个邻居过来，看见我给鹌鹑喂食，就说："这事我这辈子还没见过呢。它们像鸡，不怕你。"

"是啊。不仅不怕，我还教会它们唱歌了。"

"哦，是吗？我看见它们在吃你撒的玉米。不过，哥们儿，我还真就不信，就是亲眼看见，我也不信。"

"别小看我，当我爱吹牛皮。等会儿吃完了，它们就跑走了，跑进野地，不在一起扎堆，各走各的，到时候我发个集合信号，你等着瞧它们有什么反应吧。"

我吹了一声口哨，鹌鹑们即刻听到了。我比平时多吹了十几次，就是要让这哥们儿看看。他疑心太重了，我没骗他。

一些笨笨的、听不懂英语的动物是可以养的。这个是可以做的。收养的动物喜欢你，它们不惧怕你，成了你不可缺少的一部分。

你们要是听见我回到家跟我那几只狗狗说话，一定会惊讶不已。我教它们的话，它们虽并不理解，不懂，却会应答。很神奇的是，凡来我家的人，见我和狗狗们关系那么好，狗狗懂我意思，都感到惊奇。

有客人按门铃了，那几只狗狗一定会跑到门前，等着被介绍。它们不接受"不可或不行"。走到人前，先要嗅嗅来人的脚踝，感觉他的味道，然后嗅嗅他的手。如果闻起来不错，它们会礼貌待之；如果闻起来不好，就吠叫，让我们注意。我们不用操持这事，它们也从来没弄错过，好人坏人都看得很准。

我想说的是，各位一定要有正确的自我约束方式，要认识到存在于这个世界的一切事物都是有目的的。它没打扰你，你就不能出了门把它消灭，特别是与你毗邻而居的人、和你共事的人，甚至与你不和的人、让你难受的人。消灭他们不是你的事。你不掺和，难道他们就不会把自己作够？

打算诋毁我的人——我的一个同事说："您不觉得，用不着我反击，他已经把自己害惨了？"对他人不厚道，其实也是对自己不厚道，我从来不想对自己干这种事。

我跟一位检察官聊天。我读高中时，常和他一起上学。他向我讲述他的不凡业绩——他指控多少人有罪——颇有夸耀之意。也许，有些人本来就该进监狱。不过，等他说完了，我说："阿尔伯特，无论如何我也不会干你这行的。"

他问："为什么？"

"瞧你做的事——把人往监狱送，剥夺自由。"

"他们就该送进去。"

"这个我承认，傻瓜。不过，我还是刚才那话，幸亏干这事的是你，不是我。"

我跟他讲屠宰场的牲畜圈有奸细的故事。

故事讲述有人专门养了一头牛，牛经过训练，重新放进牛群。那些牛都是要到屠宰场的。牛本能地感觉到了那儿就要被宰，它们不想上那条坡道，因为一上去，人就拿锤子敲它们的头。那头"奸细"牛是受过训练的。它被派进牛群，对牛们用谎言相劝，而后再给它们鼓劲打气，最后，牛群全都跟它走。

"奸细"牛爬到坡道顶头，顶头有一扇转门。"奸细"牛由坡道疾奔，牛们也跟着走过坡道。它们没看见那扇转门，继续往前走，人就在那里等着用锤子把它们砸倒在地。

就这么过了好些年，你猜"奸细"牛最后怎么样？它疯了，人们不得已把它拉到那里，也拿锤子敲了它的头。这就是它的结局。

不论你对别人干了什么，还是为别人做了什么，你都是在对自己做，为自己做，这是铁律。这条铁律谁也避不开、逃不掉。

我不愿意当检察官，原因就在此。我也为自己没有顺从个人意愿成为一名律师感到骄傲，原因也在此。我和我的兄弟维维安（Vivian）有一次长谈。他是一个律师，专做离婚案件，特别是非常有钱之人的离婚案件。我想告诉各位的是，他对家庭关系的负面情况知道得太多了，因而遭了惩罚。因为知道的负面情况太多，他竟然得出这样的结论：女人没一个好的。所以他一直没有结婚成家。他从没像我一样体验过娶妻的快乐。他认为女人都是坏的，他拿他自认为最了解的那些女人的案例来评判所有女人。这是我们大家的一个通病。我们经常用我们最了解的人来参照评判他人，对吧？这样下判断总会失之偏颇。具体到这个例子，判断肯定是有问题的。

我抖搂了好多个人经历，目的是提请各位注意，生活中有一些特别重要、特别关键的事情你必须处置。你必须了解自己，了解他人，知道如何自我调整去适应那些很难相处的人。你要知道，这个世界有很多很难相处的人，你和我活得越久，这种人就越多。就算你我不在了，这种人也照样有。虽然难相处的人，我们是无法摆脱的，但是，我们可以调整自己，应对这个问题。

自律就是能够完全掌控自己的身体和思想。自律不是要改变身体和思想，而是要操控它们。性是伟大的情感，可因为性而让麻烦缠身的人比因为其他情感而陷入麻烦的人加在一起还多，但性也是一切情感中最具创造力、最深沉也最神圣的情感。让人陷入困境的不是情感，而是对情感不加控制，不予引导，不做转化。倘若能自律，控制、引导、转化并不难做到。身体和心灵的其他能力也是如此。

不是要你全然改变，而是要你当家做主，要掌握控制权。要认清哪些事情是必须做的，做了才能身体健康，内心宁静。

维护好排污系统

我有一套排污系统，每个人都有。虽然你不愿意想这些，但最好还是想一下吧，你明知道自己也有一套排污系统。你不关注它，不进行适度调理，你就会中毒。当你中了毒，早晨起来时就会心情不好，做事容易烦躁上火。

我去勒图诺那里查看情况，发现坏情绪的人比之前我接触过的多了，后来才知道可能是他们吃了不合适的东西。我去亚特兰大，请来一位饮食专家，开了间很棒的自助餐厅，合理搭配饮食。我还弄了一套排毒机，由一名医生专职负责，我安排这名医生和我合作。排毒机每分钟用一加仑的水冲洗肠道（一小时60加仑），水里加氧和其他清理剂，能把肠道清理干净。之前有几个员工头疼，脾气暴躁，我把他们送去做排毒。一个小时后，他们回来工作，精神饱满，活力四射。

这类话题搁在你家客厅里聊起来不方便，但是在这儿，咱们是当专业讨论的。各位同学现在还是了解一下为好，要想拥有一个健康的身体，要想自如地控制身体，一定要学会保持肠道舒畅。

言语与思想的自控

自律还包括养成日常习惯，让头脑始终想着自己所欲求的事物，不去想自己不想遇见的事物。也就是说，凡是你不愿接受或不想屈从的环境或事物带来的影响，就一概不接受、不屈从。你可能不得不忍受它，不得不承认它，但绝不要屈从它，受它摆布。不必承认它比你强，要坚信你比它强。你可以展开想象，寻找各种对付这些东西的办法、手段，坚持不要屈从。

自律还意味着你要为自己构建三重保护，这样就没人会把你了解透，不知道你怎么想。

你愿意让这个世界的随便什么人把你了解透彻吗？你要是头脑没毛病，肯定是不愿意的。你怎么想别人，你想让他全知道吗？我肯定你不想。

一般人只贪图自己舒服，说话太多。很多人犯这个错，把心里怎么想的全告诉别人。你只要让他们开口说话就行。你知道这类人，张嘴就说，说起来就收不住。只要他们开口说话，关于他们的情况你都能弄清楚（无论好坏）。

我以前和埃德加·胡佛（J. Edgar Hoover）有很多次专业合作，现在有时候还合作。胡佛跟我说，正在接受调查的人恰恰是帮他帮得最得力的人，因为从他身上获取的信息比从所有别的渠道得到的信息加在一起还多。

"为什么？"我问。

"他太能说了。"这是胡佛的原话。

你若告诉我某人怕什么，我就可以告诉你如何控制摆布他。一旦你弄清楚了某人怕什么，你一定会知道怎么控制他——如果你蠢到想凭这个控制别人的话。我不想拿恐惧来控制任何人。我要是想控制别人，我希望用爱来实现。

佐治亚州有个女"半仙"，善通灵术。不过，她还很善于观察，哪怕你吐露的是最轻微的词语，你说话的音调，都能成为线索，让她察觉你遇到了什么麻烦。有好些人坐着豪车，什么帕卡德、凯迪拉克，在她门前排队，每次5美元见一面，她整天忙得不亦乐乎。

她的生意好得不得了。倒也不是说她连吓带蒙向人家多要钱，她为好多人做好事，行了善。有话从不说一半咽一半，发现某人有问题，她会直言相告。

有人带我去找她。我是一个怀疑论者。我说过，能看透我心事的人还没出世呢，我不想让谁知道，他就不知道。带我去的人说:"好,那你来试试吧。"

我们进了她的屋子。"半仙"开始问我几个问题,凡是能答是或否的我都答了。间或,我会回答:"无可奉告。"我就是不露破绽。有些问题,你答了是或否,就等于把线索给她了。

她左一问,右一问,脸上居然冒了汗,汗珠像我的小指头肚那么大,直往下掉。我还从没见过这种情况。她一边冒汗,一边想方设法把一些线索往我脑子里塞。要是叫她得了逞,那她肯定会一套套地说个没完了。

末了,她转脸对带我来的人说:"李,你把这孩子领走吧。我现在对他一无所知,以后也一无所知。"

我们走了。不知道"半仙"怎么想这件事,不过,我相信关于我她什么也说不了,因为我没给她机会。这样的修炼,你也可以做到。我相信各位能做到,因为我已经做到了。

有一次福特先生把他最信任的一个雇员请来。自福特汽车公司成立之日起,福特就和他共事,已有35年了。福特先生提出先付给他两年的薪水,然后把他解雇了。

那雇员问为什么解雇他。福特先生说:"跟您坦白说吧,我不希望我周围的人对我无所不知,唯一对我知根知底的就是您了。"

你若不理解福特的想法,会觉得他这样做有点狠。他不想让周围的人知道当年他也有各种毛病、弱点,虽然他现在可能没有了。

我和福特先生有点不一样。很多人现在还和我保持着联系,在我有毛病、弱点,栽跟头、遇挫折的时候他们就认识我了。我不是怕他们知道我的底细,恰恰相反,我高兴见他们,因为我有多大进步他们也能知道。

第十章

培养热情

本课我们讨论一下如何培养热情。培养热情的第一步是要有强烈的欲望。其实，等你学会自我调动进入一种欲念如焚的状态后，其他讲怎么培养热情的课也就不用再听了，因为你已经掌握了培养热情的诀窍。

你特别想要某件东西，下决心要拿到它，你就有了强烈的欲望。欲望强烈，促使你思维活泼，发挥想象力，想办法，谋手段。

这种热情令你头脑机敏，对机会异常敏感。之前，在未提升至热情状态，对特定事物没有强烈渴望时看不到的机会，这时你会看到。

主动热情和被动热情

下面谈谈主动热情和被动热情。主动和被动是什么意思？我举个例子说明什么是被动热情。我见过的人里，亨利·福特的主动热情最少。我只听见他笑过一次。你跟他握手，就像握了一块冷火腿。握手都是你在握，他只是伸手，你的手一松开，他就把手抽回去。跟他谈话，他的声音毫无磁性。可以说在他身上感受不出一丝一毫的主动热情。

那他的热情算是什么热情呢？他肯定是有热情的，所以才有那样不凡的大目标，并且成功实现了它。他的热情是向内的，热情转化为想象力，转化为信念的力量，转化为个人的进取心。他锐意进取，主动作为，相信自己可以做任何想做的事。他凭借内在的热情（被动热情）让自己警醒，倾心实践信念，深切思考自己要做什么，思考从作为中获得的全部喜悦。

我曾经问他："对于您想做的事，您还没开始做就知道自己一定要做，请问您是如何做到这样笃定的呢？"

他说："因为我很早就养成了一个习惯，就是用心思考每个问题能解决的部分。遇到问题，我总有办法处置。很多事情我做不了，有些事我是可以做的，我就从我能做的地方开始。等我把能做的都做完了，不能做的便消失不见了。我走到河边，想着一定要有座桥才能过，到跟前一看，不需要桥了，因为河床干了。"

这话说得多妙！他从能做的地方下手。他说，他想开发一款新车，或者增加车的产量时，就立即做出决断，制订实施计划，从不考虑有哪些障碍，因为他知道他的计划很扎实、很明确，有坚定的信念做支撑，阻力障碍会迎刃而解。他说："采取这种态度，思考每个难题能解决的部分，不能解决的那部分就会夹着尾巴逃掉。"这是他的原话。

他的话我完全赞同,因为我的经验也是这样。你想有点作为,就要调动自己,让自己进入一种热情似火的情绪状态。如果只是在内心里把想做的事画一幅图画,那你就坚持把画画下去,画得越生动越逼真越好。你把手头可用的工具全用上,别的更好的工具就会自动来到你手里。虽说这是生活的一个奇怪现象,但生活就是如此这般。

声音控制

演讲人和教师可以调控声音来表达热情。今天晚上,有个学生开车过来听我的课,对我的演讲大赞。她想知道我是否参加过发声培训、雅音进阶之类的培训课。

"没有,没有。"我回答,"很早以前我学过演讲,不过,老师教我的东西,我都是反其道而行之。也就是说,我有自己的一套。"

"哦,"她说,"您的声音特别好,我一直在想您是不是专门训练过,能把热情传递出去。"

"没有。我的发声诀窍是不管谁听,不管这个人经验多浅,或者多么爱挑鼻子挑眼,有一点他是知道的,那就是当我开口讲话时,我对自己说的东西是相信的,是由衷地相信。"

这就是我所知道的最高级的声音控制技巧:相信自己表达的内容,就是自己应当说出来的,对别人有好处,对你也应该有好处。凭真心去表达热情。

我见有些人演讲,在台上走来走去,气宇轩昂,一会儿理理头发，一会儿手插在衣兜里，个人习惯动作全部表现出来。这只能分散我的注意力。

我训练自己在一个位置站定，从不在讲台上踱来踱去。我可能会张开两手，但很少这么做。要达到我想要的效果，首先得态度真诚，而后把热情灌注到声音里。学会这样做，你就拥有了一笔令人艳羡的资产。

先要有热情，然后才能表达热情。一个人心碎时、痛苦时、麻烦缠身时，怎么可能表达出热情呢？

演员的自制

我曾在纽约看过一场演出。有一位明星出场，表现得很精彩。可上台前几分钟，她接到了父亲刚刚去世的消息。但她演出时你根本看不出来，她的表演很完美，可以说超乎我的想象，一丝一毫看不出她家里刚刚出了事。她把自己训练成了一名演员，无论遇到什么情况，她都能体现演员的素质。不训练，她就当不了演员。

一个演员饰演角色却找不到真情实感，入不了戏，就当不好演员。虽然他可以念台词，但是只有把自己要演的角色演活，才能给观众留下深刻印象。

各个行业都有非常优秀的演员，只是未必都在舞台上。私人生活中也有一些好演员。生活里的好演员，都能让自己深入角色、代入角色，他们体会角色，笃信角色，对之怀有信心，故而能毫不费力地用热烈的情绪感染别人。

感觉肯定是表达热情不可或缺的一部分。一定要调动自己进入一种炽热的状态，心中有燃烧的渴望。可用自我暗示或者自我催眠进入这种状态。

你怕催眠？其实大可不必，因为每天你都在有意无意地运用催眠术。一直在用，只是有时候是在消极地使用。你给自己催眠，令自己认定是运气不佳，朋友对你使绊，工作不理想，等等。可能很痛苦，可能身体出了问题——你在自我催眠后坠入一种执念，这执念肯定对你没什么好处。

我绝对相信自我催眠，但我相信的是用自我催眠来得到我想要的东西，而不是我不想要的东西。

不论哪个行业，凡是成功的人都会自我催眠，借助催眠把自己设定为理想的角色。换句话说，就是对事情笃信不移，它们不可能是别的样子。

这和普通人使用催眠的方式大不相同。普通人容许生活的不同状况相伴，通过自我暗示把自己催眠，令自己相信有害的东西。

热情对于涌入人心里的一切消极影响是一种强力阻抗剂。要想消除消极影响，只需要激发热情即可。消极影响和热情两者势同水火，势不两立。你可以酝酿对某事物的热情，你可以试试阻止这些畏惧的念头进入你的思想，看看会怎样。

在谈话中注入热情

训练自己在日常聊天时调动热情，学会收放自如。等练习好了，你就可以驾驶所有和你交谈的人。不必跟他们讲，你们是我试验的小白鼠，他们会不乐意的。你和别人交谈的时候，可以提高点声调。说话时面带着微笑，声音带着愉悦感。偶尔只有当嗓音低沉下来，说话声音不那么大时，你才可能做到声音带着愉悦感。其他时间你提高了声调才能做到，这样，对方才不至于听不见，知道你在干什么。

换句话说，要学会在日常谈话中注入热情。只要是跟你打交道的人，你就拿他练手。如果身边没人，就到街上找个人搭讪。怎么不行？留意自己的言谈就行了。我可以在街上随便找一个人，走上前去和他说话，简单交谈几句后走人。不过，我会选择谈话的内容、搭讪的方式，选择语调，不让人家怀疑我。

跟你接触的人练习是一件很有意思的事。边练习边注意观察，自然而然，你的音调就变了。在跟对方说话时，要想办法让对方微笑，让对方喜欢你。

想不出让人愉悦的事，最好不要一个劲儿地跟对方说你对他有什么观感，因为你越热情，对方就越不喜欢你。你要想把你对他的看法告诉他，为他好，最好是微笑着说。谁都不愿意受别人指责，被别人修理，被别人训话，即便是为了他好。因为谁都知道这里面包含了某个自私动机，至少一般人都倾向于这么认为。

说话声音单调，免不了让人乏味。说话人说什么、跟谁说且不论，如果不会在声音中加入变化，语调缺少抑扬顿挫，势必会单调无味。我往这一站，就能让各位不瞌睡，办法就是问一个你没准备过的问题，一问就引起你的注意。不过，最常用的办法还是在声调里注入热情，先提高嗓门，再让它低下来，迫使听者猜测接下来我要说什么。这是吸引观众的好办法——让他们不停地猜测接下去你要说什么。你说起话来，声音单调平淡，讲话内容没有注入一点热情，听者会超前于你，你话还没说出来，他就知道你要说什么。不管你说什么，他已经不想听了。

运用表情

关于面部表情，应当用适宜的微笑表达热情。我讨厌一个人一直板着脸，近距离和我交谈。即便谈话内容是严肃的，我也愿意看到对方和颜悦色。

各位观察一下斯通先生，他讲话时经常是讲讲停停，一停下就微笑。他的笑容灿烂动人。即便他讲的事情对方不爱听，他也能让对方安心地听下去。他用表情变化让对方折服。在这方面他是一个高手。我在这方面虽算不上高手，但是我想让听者服我时，我可以做得到。

这也属于自律——能看着对方，让他从你说话的方式和神态中明白，你把你想说的说了，你是为他好。

现在各位观察一下在交谈时表现出热情的人，也观察一下没有表现出热情的人。你会深刻领会什么是性格魅力。你要是看到一个特别喜欢的人，就请观察他或她的言行举止，找出他或她身上让你喜欢的特质。很有可能，是这个人说的话饱含了热情，不管他或她参与什么样的谈话，他或她说多说少，说什么内容，你都不会觉得无聊，因为他或她说话太有魅力了，你想厌倦都不可能。

镜前练习

养成习惯，学会在平常谈话时表达热情。可以站在镜子前练习。如果找不到愿意听的人，你就跟自己交谈。你开始自言自语，把自己想听的话说出来，你会惊讶地发现这么做很有意思。对着镜子看自己的时候，不要说自己不愿听的话。

我在镜子前站了很多很多年。我常对自己说："注意了，拿破仑·希尔，你不是很欣赏亚瑟·布里斯班的写作风格吗——语言简洁清晰？不过，拿破仑啊，你不仅要赶上亚瑟，还要把他远远甩在身后。"

女士们、先生们，我做到了，办法就是跟镜子里的那个人说话，让他相信此事能成。

对着镜子跟自己说话可不是犯傻犯痴，不过一定要把浴室的门关好。不要开着门，如果有人离得太近，说话也不要大声，免得他们给精神病院打电话。

所有这些事情要区别处置，只是你对自己要做一次"大检修"。隔一段时间要做一次"大检修"。这是必须做的，而做的时候还需要私密一些，根据自己的条件，按自己的方式进行，免得引起亲戚们或平时就觉得你有点怪异的人激烈反对。

因为我要重塑我的性格，有人就是觉得我怪异，那我就怪异好了。我已经做了很多，现在仍在做着。我还没放弃，永远也不会放弃。我始终在改造自己。我想在思考、谈话、教学、写作方面做得更加精熟。我的个人教育从未完成，时刻准备吸收新知。

你一直是绿苗，就会一直生长。要是成熟了，接下去就会烂掉。即使我知识渊博，我也不可能对任何事物都了解。我始终在向他人学习。我从你们那儿得到的收获，要比你们从我这儿得到的收获多得多，因为你们有好几百人，我都可以从中学习，而你们只有我一人可学。不过，我要是思想封闭，不想向大家学习，我肯定不会从你们那儿有所收获。

把讲座内容写出来

你要教成功学吗？那就把讲解 17 条法则的所有授课内容全部写出来，练习饱含热情地把它们读出来。你打算怎么把成功学传授给别人？要把过程一字一句地写下来。这花不了很长时间。写一个小时，一天写几个小时，甚至写上两三天，待这些课成为无价之宝的时候，花掉的时间自会赚回来。信不信，有一天你可以把讲座内容汇编成书，书也会成为畅销书？

把讲解 17 条法则的精彩讲座内容写出来，形成自己的想法和解释。以后，这些讲座带给你的收益，准会让你惊奇，不只是有助于你教学，对其他很多方面也都有好处。

着手编写自己的讲课稿，就是要把这套哲学真正内化于心。只有等你教过它，写过它，讲过它之后，你才能得到这套哲学的全部好处。

最初有很长一段时间，我开讲座都是我告诉别人怎么做，我自己不做，后来我把自己给催眠了，渐渐相信了我教给别人的道理。为什么？因为我见证了这些道理对他们有作用。意识到这套理论非常好，我也可以稍加运用。于是，我就开始用它，这一用，竟然让我终身受益。

各位在平常和人交谈表达热情时，留心观察一下对方如何接受你的热情并还以热情。只要你愿意，你可以改变任何一个人的态度，改变你与之有思想交流的人的态度，办法是自己先热情起来。热情是能感染人的：对方会即刻感觉到，并报以热情。推销大师们懂得这一点。他们要是不懂，就不算是推销大师。如果他们不知道怎样用热情去带动买家的情绪，那么他们连普通推销员都做不了，不管他们卖什么，推销自己和推销服务、商品一样。

你走进一家商店，挑选一位懂业务的售货员观察一下。你会注意到，这位售货员不只是向你展示商品，同时也在用一种令人印象深刻的语调向你传递一些信息。

商店里的大部分售货员根本不像推销员，只是接单而已。我常听见他们说："今天我出了不少货。"我听见一个卖报人说他某天卖出去很多报纸。其实他没卖出去什么，只是把它们发出去罢了。有人来了，摆下钱买报。他没做推销，他仅仅是把东西放在一个人们可以过来拿起并买走的地方。但是，他认为自己是推销员，还是一个相当不错的推销员。

这当然是一个比较极端的例子。不过，很多售货员把货品一包，钱一收，认为这就算做成了一笔销售。这种情况很多。其实，他们啥也没做，购买行动是顾客完成的。你能说一个优秀的推销员就这个样子吗？你想买一件衬衫，离开店面之前，优秀的推销员会向你推销一件内衣、几双袜子、一条领带和一条漂亮的腰带。一两天前我刚买过腰带，我不需要腰带，可他给我看的这条很漂亮。我买下了,最主要的原因是这个介绍腰带的人是性情好的人。我架不住这个。

化解不愉快的事

遇到不愉快的事,要学会饱含热情地把你的主要目标反复叨念几次,把不愉快转化成愉快。换句话说,碰到不愉快,切勿纠结,不要为不愉快的事费时伤神,弄得自己后悔、沮丧、战战兢兢。换换思路,多想想你打算成就的事情。沉静下来思考一下你可以投入热情的事情。将热情用在自己想得到的、想要成就的东西上,而不是枉费在因失败失去的东西上。

很多人因为家里人身故,挚爱的人逝世,就魂不守舍,意气消沉。我知道有些人因为这个失去了理智。我父亲是1939年去世的。我知道他时日不多。对他的病情我们是了解的,死亡只是时间问题。于是,我调整了自己的心态,这样他的去世不会令我沮丧不已,不会在情感上对我造成丝毫冲击。

那一天晚上,我在佛罗里达的自家庄园里接到了我兄弟的电话。那会儿,我正跟一位嘉宾谈出书的事。女佣进来说我兄弟打电话找我。我出了会客房间,跟我兄弟说了三四分钟。他告诉我,父亲去世了,周五下葬。我们俩还说了一会儿其他事情。我感谢他打电话通知我,而后我回到会客间,继续跟那位嘉宾谈。一直到第二天,大家(包括我的家人)才知道消息。我没表现出一丝哀伤。那有什么用?我救不了他。他已经去世了。我既然无力回天,又何必悲伤欲绝呢?

你会说，心肠真硬啊。不是，根本不是心肠硬。我知道父亲注定要去世。我预先调整了自己去适应这个情况，让这个事情不至于毁掉我的信心，令我畏惧。遇到这类严重的事，一定要学会避免被情绪困扰。

我不认为有谁比我爱得深、爱得切。不过，我若是单相思（这种情况，我这辈子只有过一次），会把我害得很惨。好在我没有。为什么？因为我能自控，不会让任何事情乱了心境，乱了方寸。

我当然不希望父亲去世，但他去世了，我如之奈何？因为他去世，我也死，毫无意义。我见过有人这么做——别人死了，他不管不顾也去寻死。

我给大家举的是比较极端的例子。不过，这也是每个人都应该知道的。我们要学会调整自己去适应生活中的种种不愉快、不如意，不要消沉。办法就是转移注意力，不要在不愉快的事上纠结，多想想愉快的事，把你的全部热情投入到愉快的事上。

有人说你怪异，就让他们随便说吧，不管他们怎么说，你的生活也不能让别人说了算。也许现在，你的部分生活还是别人说了算，但不该是这样，你有权完全掌握自己的生活。

记住，从今往后，你对自己的责任要求你每天做一件事来改善表达热情的技能，一天一事，不管做什么。大家能做的事，我前边已谈及了一部分，不是全部。也许根据个人情况和你与他人的关系，大家不难知道什么事情能做，这能提高自己的热情，让你更有益于他人。

第十一章

精确思考

这一课讲讲精确思考。有事实分析能力，能够精确思考，能够通过精确思考做出决断，不感情用事，这是一项非常优秀的品质。人（包括我和其他所有人，都一样）做出决定，大部分是凭欲望、按感觉，未必完全依据事实。感情上愿意做的事和理性上要求你一定要做的事，两者一决高下，你认为哪一方胜算更大呢？

　　当然是前者。理性不大可能占上风，理性究竟出了什么问题？为什么不多听听理性的忠告？多数人是不思考的，尽管他们认为他们思考了。

　　这里有几条简单规则可供使用。本次课要把每一条规则都讲到。学了规则，有助于各位避免粗放思考、主观臆断、感情用事等常见错误。

　　事实真相是，人的情感是根本靠不住的。以爱这种情感为例，它是一切情感中最伟大的，但也是最危险的。人际关系因为误解爱而出现的问题比因其他方面出现的问题加在一起还要多。

推理与逻辑

我们来看看什么是精确思考。首先，精确思考有三大基本条件：一是归纳，依据的是对未知事实的设想或者假设；二是演绎，依据的是已知事实或被信以为已知的事实；三是逻辑，由和所虑事物相近的经历或经验做引导。

归纳依据的是对未知事实的认识或者假设。你虽然不知道相关的事实，但可以假定它们存在，依此做出判断。不过这样做出判断之后，你得十指交握，等着随时改主意，你的归纳推理有可能是不准确的，因为你依据的是假定的事实。

演绎依据的是已知的事实或被信以为已知的事实。现在的所有事实你都掌握了，从中可以推断出哪些事应该做，做了对自己有益，做了可以实现愿望。这应该是大多数人常用的思考推理的方法，只是大多数人都做得不是很好。

事实与虚构

精确思考分为两大步。首先，要将事实和虚构、道听途说分开。思考之前必须弄清楚，你手里掌握的是事实还是虚构，是真凭实据还是传闻证据。如果用的是传闻证据，那得格外小心，切勿偏听偏信，要待仔细认真地检验之后再下判断，做决定。其次，把事实分为重要和次要两类。我们日复一日与之打交道的绝大部分事实（我说的是事实，不是传闻证据，也不是假设）相对而言都是次要的。我这么说，大家会感到惊讶。

那现在我们就看一看什么是重要事实。重要事实就是能够用来获取优势，实现自己的主要目标，或者实现某个最终能成就主目标的从属愿望的事实。这就是重要事实。

我刚才说，绝大多数人把大量的时间花在了无关紧要、根本无益于进步的事实上，用在有益于他们事实上的时间少。我认为我这么说没错。爱打听事者、爱掺和他人事者和话多者把很多时间花在琢磨议论别人的事上，他们摆弄的就是些闲言碎语、鸡毛蒜皮的小事。你摆正眼光看这些事，你再怎么使用它们，它们也对你无益。

谁要是怀疑我说的，那就把你一整天摆弄的事实列出一份清单。一天结束后总结一下，看看真正重要的事实有几条。列清单建议放在周日，或者不上班、不做业务的休息日，因为头脑一闲下来就爱琢磨不重要的事。

没价值的看法

看法通常没什么价值，因为它们来自偏好、偏见、猜测或者传闻。几乎每个人对这个世界的几乎所有事物都有一大堆的看法：对原子弹有看法，对原子弹的未来有看法，如此等等。多数人对原子弹或者未来可能怎样一无所知。我确定我不知道。你和我对此都有看法。我认为就不应该发明它。在我的规矩里，原子弹乃大恶。除此之外，我没有看法，因为我没任何根据。

令人不解的是，很多人有看法，却毫无根据，只凭其感觉，只凭某人对他讲过什么，只凭在报纸上读到了什么，只凭他们所受的影响。有些影响的后果人们控制不了，于是人们便有了看法，看法基本上就是这么来的。

朋友、熟人主动无偿提的忠告或建议一般不值得考虑，因为他们不是依据事实说话，或者里面掺的闲言太多。最有价值的建议还是找解决问题的专家，有偿服务。

不要老想着免费建议。说到免费建议，我想跟大家讲一个事例，是我一个在加州的学生的例子。他先是我的朋友，后来才做了我的学生。有三年时间，他每个周末都来我家待上三四个小时，通常情况下，我每小时要收费50美元，但我对他分文未取，因为他是我朋友、熟人。他来我这儿，免费咨询三四个小时。每次他来，我都给他提些建议，可他一个字也没听进去。

一连三年都这样。终于有一天下午，他来了。我说："你看，埃尔默，这三年我一直为你当免费顾问，可你呢，一句都没听进去。从现在开始，你就付费听讲吧，不然我讲也是白讲，你学不到有价值的东西。我们这儿很快要开大师课了，你干脆来报班听课吧，跟别人一样。报了班，你肯定会有所收获。"

他取出支票簿，递给我一张支票，报了大师课。他从头跟到尾，顺利结业。我想告诉各位，他的生意从那时起一路蓬勃发展。一个人发达得如此神速，我还没见过。他付了一大笔求计问策的学费后，才开始注意听讲，并且把建议付诸行动。

人的本性就是这样。免费建议就值免费的价，这个世界的所有东西都值它该值的价钱。爱情和友谊，有价吗？诸位可以试试不付代价获取爱情和友谊，看看结果如何，自己能走多远。有两样东西，你给予才能得到。你只有送出真品 McCoy，才能得到真品 McCoy。你想不付出代价就获得友谊和爱情，你不妨看看免费得来的友谊以及爱情能持续多久。它们很快就没了。

最宝贵的资产

爱精确思考的人是不会让别人替他们思考的。有多少人让周遭环境、广播、电视、报纸、亲朋好友代替他们思考？这个比例一直在上升。

我拥有一笔最令我骄傲的资产，这笔资产和金钱、银行账户、债券、股票这类东西没有一点关系。这东西比钱珍贵。我学会了听取一切证据，从一切渠道取得我能取得的一切事实，而后用自己的方式把它们汇集在一起，以自己为主，形成自己的思想。

这个并不是说我本人是万事通，也不是说我善于怀疑一切，或者我事事不求指教。我肯定会求人指教，不过，得了指教后，我自会确定这指教有多少内容我能接受，有多少我会拒斥。我要是做了决定，没有人说这不是拿破仑·希尔的决定。尽管可能是一个依据错误判断做出的决定，但它毕竟是我的决定。我一旦决定了，就没人左右得了我。

这不是说我这人心肠硬，朋友们影响不了我，他们肯定能影响我。不过，是我决定着他们对我影响的大小，我对他们的影响做何反应。当然，若某个朋友对我影响很大，让我去损害别人，因为他想达到此目的，这种事我绝不会干。之前，这种事有人试探过很多次了。我绝不容许这种事情发生。

我想告诉各位，我觉得在天堂里的天使们觉察一个人自己思考，不让亲朋好友、对手等妨碍他精确思考时，他们会大喊小叫。

我之所以强调这一点，是因为多数人从未拥有自己的头脑。自己的头脑是每个人拥有的最宝贵的资产，是每个人能完全掌控的东西，但它也是不少人从未发现或者使用的东西，这类人倒是经常容忍别人像踢足球一样把它踢来踢去。

不知道为什么我们的教育没有告诉受教育者，他们拥有世界上最大的资产，能够满足他们的一切需要，这笔资产就是他们有特别权利使用自己的头脑，形成自己的思想，把思想凝聚在其所选择的目标上。

人们之所以不知道自己拥有这笔资产，是因为缺少良好的教育机制。我想告诉大家，这套哲学所到之处，人们会豁然成熟起来了，而之前他们从未成熟过。是这套哲学起了作用，因为人们渐渐潜入，发觉自己是有头脑的，能使用头脑，还能让头脑按自己的愿望去做。我没说他们都是一下子磨合好，完全据有自己的头脑。我是说他们一次潜进去一点点。而最终，人生诸事渐渐发生了改变，因为他们发现了卓越的思想力量，开始使用它。

"我看报上说"

看报纸的报道就形成意见、看法，并不保险。"我看报上说"是一句戴帽似的套话，此话一出，即知说话人思考匆忙，判断草率。"我看报上说"或"我听说"或"他们说"——这种话各位常常听到吧？"他们这么说。"我只要一听见有人说这句话,立马拉上耳罩,绝不听他扯淡,因为不值得听。要是某人跟我说个信息,用类似于"我在报纸上看到的"或"他们说"或"我听说"这种话指明消息来源,我会充耳不闻。倒不是因为他讲的内容不准确,而是因为消息来源不可靠,所以他的话很可能也不可靠。爱传流言蜚语的人、爱搬弄八卦的人,他们的话不可靠,不管讲什么。他们的话不可靠,而且带偏见。你听一个人说别人(不管你认不认识)的时候,话里话外带着贬损,那么,他说损人的话这件事本身,你要警惕了。应当对他说的一切内容做非常仔细的研究、分析,因为你知道你是在听一个带偏见的人讲话。

人的头脑是一个很奇妙的东西。人类被赋予分辨真假虚实的全套装备。

虚假之中总是包含着某种东西,提醒听者注意。这种东西有的能看出来,能感觉到。一个人说真话时也一样。对别人讲的话,你要是用与生俱来的智慧去辨析,那么即便是世界上最高明的演员也欺骗不了你。

同样,各位也应当认真研究一下称赞词、恭维话,就像学习其他内容一样。例如,我叫某人带着一封夸赞他优秀的信去你那里求职,或者给你打个电话,高调推荐这人多棒。你要是一个思考精确的人,你会意识到我是在那儿捧人呢,至于可信度有多少,你得加倍小心,最好做一些外围调查。

我并不想教大家疑神疑鬼,而是想提醒大家一定要运用自己的头脑精确思考,搜寻事实,即便那事实可能并不是你想找的。

骗局

很多人糊弄自己，世界上没有比糊弄自己更恶心的了。有句谚语说："人骗我一次，可耻在人；人骗我两次，可耻在我。"

有人被糊弄了一次又一次，而且是被同一个老掉牙的骗术糊弄。例如，骗钱术。百货商店里有人快步走到一位女士跟前说："我这儿有 500 美元，我刚找到的。您现在押 500 美元，给我看一下您有那么多钱，然后我把这钱分一半给你。"跟变戏法儿似的，女士拿了她那 500 美元，两人把那钱放进一个包里，女士以为自己得了两笔钱，回家后才发现是两包纸。那人其实是一个行骗老手，早带着钱跑了。这套骗术已经用了好些年了。

再举一个例子。你可能觉得银行家精明过人，骗子骗不了他们。我听说有个行骗高手，叫巴尼·伯奇（Barney Birch），他下场如何，我不知道，以前他常在芝加哥行骗。有一次我认识了他，之后多次采访他。我问他，哪种人最容易上当受骗。他回答："银行家喽，因为他们自认为精明得不得了。"

愿望往往离事实最远。一般人都有个坏习惯——把事实混同于愿望。因此，你若寻找能够精确思考的那个人，务必对着镜子仔细看。务必要对自己存疑，因为，如果你盼望某件事是真的，通常你会认定它就是真的，并按照此事为真的情况采取行动。

大家都喜欢结交和自己意见一致的人。这是人的本性。可与你交往的、与你意见观点一致且又非常可亲可爱的人，常常具备条件来利用你。

你喜爱一个人，就会忽略他的缺点。对待你十分欣赏、极其崇拜的人，你一定要加小心，要等到他们彻底表现出来之后再下定论，因为有很多很多人曾令我钦佩，最终却证明他们是很有问题的。

我感觉，我早年生活遇到的大部分麻烦，都是太相信人所致，允许他们用我的名字，他们有时候用得不当。这种情况我遇到五六回了。我信任他们，因为我认识他们，他们是好人，说的事、做的事是我喜欢的。如果某人说的、做的你都喜欢，你要对他多加小心了，因为你可能忽略他的缺点。

有人戳到了你的痛处，让你重新审视自己，对这人不要太苛刻，他可能就是你交到的最重要的朋友——也就是会惹怒你、迫使你自检自省的那个人。

信息是十分丰富的，大部分免费可取，而事实则有难以捉摸的特性，并且一般都是标价的。这个价就是费心费力检查它们准确性的价钱。你要事实，起码要给这个价。

"你是怎么知道的？"

这是爱思考的人最喜欢问的问题。一个爱思考的人听到他不能接受的表述时，会立即问说话者："你是怎么知道的？你从哪里得到的信息？"

你有一丝怀疑，要某人指明信息来源，那就把他给难住了，因为他做不到。你问他是如何知道的，他会对你说："我相信是这样。"没有什么根据，说不出事物的背景怎样，凭什么就认定某某事物如何如何？

逻辑是一个好东西。如果某种意见或者判断没有事实做依据，那就要求助于逻辑。

间或，人会有一种直觉，觉得某些事情是真的，或者不是真的。这种直觉，你最好予以重视，因为它有可能是无限智慧在突破罩壳。

你们当中的某个同学站起来说："我的大目标很明确，就是要在明年赚100万美元。"你猜猜我要问你的第一个问题是什么。

你打算如何实现目标？我想听听你的计划，而后问你打算怎么做。首先，我要估测一下你挣100万美元的能力如何，了解一下你打算为此付出什么样的努力。而后，我的逻辑思维会告诉我，你的计划是否能实现，是否可行。这不需要很费脑筋想，但是必须做，因为很重要。

我相信我的学生们，我爱他们，也非常尊重他们。他们当中有谁要站起来告诉我，他明年要挣100万美元，我会说："好样的。你既然说出口了，你现在就能做到。"可你立马知道我是在骗他。我要是这么说话，你即刻明白我都不知道我在说什么，或者我没说实话。

假如我说："哦，那好啊。希望你的想法是对的。那咱们来具体看看怎么完成目标。坐下来，把你的计划说给我听听。"我会了解、分析你的计划，再分析你本人，分析你的能力，你的经验、以往的业绩，还要分析你打算动员来帮助你赚到100万美元的那些人。分析完了，我就可以对你说"行了，这个目标有可能实现"，或者我可以向你指出，这个目标实现起来很可能比你说的时间要长，也许两三年。

我也可能对你说，这个目标你根本实现不了。如果我分析思考之后的结论是这样，我会对你实话实说。之前，我让一些学员当我的面提了一些方案、建议，但最后我硬着头皮把那些方案、建议搁到了一边。我不得不对他们说，此事不劳你们多想了，想也是浪费时间。也有一些学员提出了非常好的方案、建议，其中一位今晚就坐在听课的同学中间。我可以把他推荐给国内一位最优秀的咨询工程师，让该工程师为他作答。对他的想法，我不只是给个判断就算了，我还把他介绍给一个专家，专家会跟他讲实情，可能会帮助他实现他的想法。

这便是爱精确思考的人看问题的方法。他不会让个人情感左右自己。如果我放任自己的情感替我思考，随便哪位同学着手去做什么事，我一定会告诉他能做。

现在，我跳到那句格言，各位同学看见过它被引用了无数次，在我的课上也听到过："头脑能想象什么，相信什么，头脑就可以实现什么。"

我不希望有谁误读这句话，将它解释成头脑能想象，能相信的东西，头脑就一定会实现什么。我说的是"头脑可以实现"。听出两者的区别了吗？是"可以"，我不知道它一定能。这要看你了，只有你知道。你对自己头脑的使用程度、信念的强度、判断的可靠度、计划的合理度——所有这些因素，所有这一切都决定了这句格言的实现程度，"头脑能想象什么，相信什么，头脑就可以实现什么"。

区分事实和虚构

我们要懂得把事实和信息分离开。我们来看看怎么做。首先，认真仔细地检查你在报纸上读到的或者从广播听到的所有内容，要养成一个习惯：千万不要因为读了或听了某人的陈述，就把他的话当事实接受。人们的陈述虽含有一定量的事实，但通常会被有意无意地添油加醋，赋予错误的意义。半真半假的陈述比彻头彻尾的谎言还要命，因为半真半假的陈述往往会蒙蔽把它全部当真的人。

仔细检查你在书中读到的全部内容，不论是谁写的，切不可不问问题就笼统接纳某位作者的作品，自以为有了答案。以下这些规则也适用于讲座、声明、演说、谈话等。需要问哪些问题呢？

首先，作者、演说人、教师或者其他人就某个问题做了一番陈述，难道他就成了这个问题公认的权威人士了吗？

这是你们要问的第一个问题。设想你把这一问用到我身上。你报班听课，还付了一大笔费用，听课还占用了大量时间，时间也值钱。等听完了课你才发现我不是什么权威人士，岂不是太恶心了？你认定我讲的这套哲学经不起推敲，不管用，岂不是太恶心了？对你而言，大失所望。对我而言，果真是这样，那也是给我当头一棒啊！

各位把我放在显微镜下仔细看看，你怎样检测我的成功学经得起推敲？你怎么判断它靠得住？有哪些证据证明成功学管用？

首先，这套哲学是否传遍了世界，这个很容易判断。几乎所有的文明国家都出版发行了这套哲学的有关书籍。这个世界最精明的头脑——不是数百个,而是数千个——都接受了成功学,传扬成功学,认为它扎实可靠。任何人在任何时候、任何地方都还没有找到与它相关的缺点瑕疵。

有一点大家都很清楚:人就是人,这套哲学要是有什么缺点瑕疵的话,他们早就发现了。他们在拿破仑·希尔身上找到了很多缺点和弱点,他们就指出来,毫不犹豫。但他们在这套哲学里没找到缺点瑕疵。拿破仑·希尔是权威人士,因为迄今40年了,他一直致力向人们介绍从这个世界的500多位杰出人士那里获得的经验。信息就来自那里,来自凭经验、凭反复试验得到它的人。

成功学被人接受,成功学在全世界造就了千千万万的成功人士(金钱上成功也好,其他方面成功也好)。这就是明证,证明成功学的作者拿破仑·希尔是权威人士。

各位是这样下判断的吧?你不会凭你认为我多好来判断,不会凭喜欢不喜欢来判断,因为那和我是不是权威人士没什么关系。你是看著作本身及其对人们的影响来做判断的。

别有用心

第二个问题是,除了提供准确的信息外,作者或者说话人是否另有动机,或者想谋取私利?促使一个人写书、演讲、发表言论(不管公开还是私下)的动机非常重要。如果你能在一个人说话时探得他的动机,你就能准确分辨出他说的话有多少真实性。

例如，上周我与某人谈了两个小时，主要是谈他本人的情况。他做自我推荐，把自己夸得如花一般。他可能不觉得我疑心他是想把自己夸赞到能进我们公司里。其实，他想的正是这个。他很巧妙地把诱饵挂在钓钩上。一开口就对我说，我写的书他一本不落地看完，书的一些内容他都记住了，他对我钦佩至极。一开始，这些话并没坏他的事，可是越往后谈，他越夸越厉害，而后话锋一转说起别的来，我疑心他要讲个没完，因为他向我自夸这套哲学他多会活学活用，他要是教这套哲学会教得多巧多妙。

话到此处，我问了他几个问题。我问他是否教过这套哲学。没有，他没教过，但是他非常有把握地说他能教，因为他对这套哲学十分熟悉。他是另有动机的。于是，我对他的自我介绍打了折扣。起码，我暂时把它搁一边晾着，没有囫囵笼统地接受他的话，因为这人是一个带偏见的人，他在推销自己。

宣传

再一个问题是，作者是不是专职做付费宣传的？

作者写的或谈的主题是不是包含了作者的利益，有赚头、能盈利？你摸清了一个人的动机之后，不管他做什么，起码他想蒙你是不太可能的，因为你能觉察出来，他一翘尾巴，你就知道他要干什么。

各位不会凭我戴了条什么款式的领带，穿了什么款式的外套，剪了什么样式的发型或是多会说话来判断我如何吧？各位会根据我对他人行的善或者恶来评判我。你是这样评判我的，也是这样评判别人的。

你可能不喜欢某人的宗教或政治派别，但是，如果他在自己的行当内干得很好，帮助了很多人，没做坏事，那你不要在乎人家归属哪个教门或派别了。如果他行善远多于作恶，就别谴责他。

先不把别人说的话当作事实，先要确定他说这话背后的动机是什么，还要弄清楚作者说真话、讲诚信的声誉如何。对有强烈动机或渴望达成目标的人所做的全部陈述，要特别认真地检查分析。还应小心对待惯于想入非非、惯于妄想的或热情过头的人，他们做的陈述不要当作事实。无论谁企图影响你、打动你，你都应该谨慎，学会运用自己的判断力，把自己的判断力用于最终分析。

专家建议

如果你连自己的判断都信不过，那该怎么办？本套哲学里是否有现成的答案呢？

当然有了。很多时候，一个人之所以不相信自己的判断力，是因为对其要面对的情况认识不充分。他必须请某个比他经验丰富，或者教育背景不一样，或者思想更敏锐的人替他分析一下。

例如，你能想象一个成功企业全是推销大师吗？这个你能想象吗？你听说过有这样的企业吗？任何一个组织机构都需要有一个人泼冷水，而这个人掌控着公司资产，防止因时机把握不当、操作方式不当使资产流失。还要有一个人，专门作为出头的先锋，他的任务就是闯红线,把挡道的东西破除掉,不管结果如何,先干了再说。我既不想当先锋,也不想泼冷水、唱反调,不过,如果我的机构人多规模大,我很希望有这两种人在。

向他人寻问事实的时候,不要让他们知道你期望找到哪些事实。如果我对你说:"对了,您曾经录用过约翰·布朗,他现在向我求职。我感觉他人很不错,您觉得呢?"

约翰·布朗若是有缺点毛病,我这样问,肯定不会知道他有什么缺点毛病,对吧?如果我真心想了解曾经为你工作过的人,我肯定不会一开始就从你那儿打听。我会请一家商业信用评级公司从你那里获得一份客观的报告书,说明布朗的情况。你很可能会把事实情况提供给商业信用评级公司,而不会提供给我或其他人。你要是找对了商业信用评级机构,通过它们获取信息,你能得到很多信息,多得让你意外。通常直接索取某人的信息,很可能拿不到实情,得到的情况也是打磨过的缩了水的。

一般人图省事,不愿意多费工夫解释。你问某人一个问题,只稍微提示他你期望得到什么答案,他就会把他以为你想要的答案给你。你很高兴,依照他说的弄下去,以后准会栽跟头。

精明的人有各种手段从别人那里巧妙地获取信息,却不透露他们是怎么获得信息的。

科学就是对事实做整理分类。这就是科学的内涵。你若想确定自己是在和事实打交道,只要可能,就找科学根据做检验。搞科学的人既没理由也无偏好为弄虚作假而改动事实。若有这种偏好,如何当得了科学工作者?那岂不成了伪科学了?这个世界有很多搞伪科学的人,假冒伪劣,不知自以为知。

兼顾头脑和心情

情感不总是靠得住的。可以说，多数情况下情感靠不住。要赶在情感陷得太深之前，给自己头脑一个判断当前事的机会。头脑比心情可靠，但两者要兼顾，要让它们拥有平等发言权，这才是最佳组合。这样你才能找到正确答案。谁疏忽了这一点，基本上都要为这个疏忽后悔。

仇恨、愤怒、嫉妒、恐惧、复仇、贪婪、虚荣、自负、不劳而获、拖延等，这些都是思考之敌。如果当下思考对你而言很重要，你一定要时刻小心，防止这些敌人。也许，你未来的命运就取决于你思考得精确与否，实际也是这样。如果不是这样，要你完全掌握自己的头脑还有什么意义？

答案是，起码在这个生命周期内，头脑绝对能够充分满足你的全部需要。（你出生的）前一层级的情况，我不了解。（你要去往的）下一层级的情况，我不了解。我不了解那些层级，因为我连自己从哪里来都不记得，也不知道我往哪里去。我想知道但不知道。不过，我对自己当下所在的位置了解甚多。对于如何影响个人命运，我已经找到了很多办法，也从中收获了无尽的快乐，所以，我可以把快乐贡献出来，让自己有用处，证明我将这个方法传播出去是做得对的。

我找到了操纵自己头脑、让它听凭调遣的办法，让它按我的意志去做，把我不想要的条件抛在一边，把我想要的留下来。如果我找不到自己想要的条件，那该怎么办呢？那就创造条件。目的明确，有想象力，就是为了这个。

狂热有危险

还有政治狂热。哎呀,我的天哪!时间、精力浪费在这种狂热上,毫无意义!譬如,为以后发生的事情打架。我们怎么知道以后出现什么情况?最怕我们自以为知道,而实际并不知道。(有些人不知道今后要往哪里去也是好事,知道了也许很不爽。)

为政治打架——你知道共和党人和民主党人怎么不一样吗?不一样就在于谁入局,谁出局。就这么回事。我说的是真话,不是在搞笑。我要是让你讲一讲民主党人和共和党人有何不同,你恐怕很难把其中的差异讲得让我能真真切切、实实在在地感觉到。我看到唯一一点不同就是一会儿民主党人掌权,一会儿共和党人掌权,都在滥用权力。两党挑起的愤怒、仇恨,各位不妨看一看,多了解。

你们基本不信从华盛顿传出来的消息,你们怀疑,那消息可能是为了把某人拉下台或者巩固某人地位而耍的政治手段。探得真相其实是很难的。以前称某人国会议员、参议员,那是一种荣耀。现在,你这样称呼人家,可能要吃官司,赔偿人家损失。你称呼某人是政客,那就等着打架吧。在今天的某些圈子里,谁都不想被人称作吃是政治饭的,因为政界人士已经成了爱欺骗者的代称。

我不是在谈政治,我只是在跟各位谈谈精确思考的问题。

永恒的问号

现在，各位头脑里应该永远存着一个问号。怀疑一切事、一切人，直到你确信自己是在和事实打交道。要不声不响地打问号，在内心深处保留疑问，不要让人觉得你多疑。不能张口就怀疑人——那样做对你没什么好处，要默不作声地怀疑。

你如果直言不讳，把怀疑亮在明处，会惹来人们的注意。他们会掩饰自己，那样一来，你就得不到你想要的信息了。悄悄地寻找信息，做精确思考，倒可能有所得。

做一个善于倾听的人，还要在倾听时精确思考。是当个能言善语者还是善于倾听者？究竟哪个好处更多？说起话来富有激情，别人想听也爱听。我感觉，一个人要在这世上更好地立身，能言善辩是最重要的素质。不过，此话说罢，我还要立即接一句：做一名既善于倾听又善于分析的听众更好。因为听的时候，你是在获取信息，而说话时，你只是在表述自己内心所想。如果连自信这类东西都没获得，那就是一无所获了。

让你的头脑里永远存着一个问号。我说这话的意思不是要你看什么都不顺眼，见什么都满腹怀疑，而是要你不论跟谁打交道，跟谁来往，都是在精确思考的条件下跟他们打交道。你一定会从中获得满意多多，也一定比较成功。

你要是一向处世机智灵活、讲究策略，你会交到实在的朋友，比你依靠妄下判断的老办法交的朋友实在得多。你若是善于精确思考，你的朋友大多也是值得结交的朋友。

思维习惯是社会遗传和生理遗传的结果。注意这两个习惯来源，尤其是社会遗传。生理遗传让一个人获得了其所具有的全部生理特质：身材、肤质、眼睛和头发的颜色。你集合了你的祖先的特质，继承了他们的一些好素质和坏素质。对此你也没办法，这是稳定不变的，是生下来就这样了。

当下的你最重要的构成是社会遗传的结果，包括你所受的环境影响，你选择入心并且形成性格的事物。

我曾遇到一件令我非常生气的事，不过教益深刻。田纳西州前州长兼参议员罗伯特·洛夫·泰勒聘请我写成功人士的故事——于是，我认识了卡内基先生。

我和泰勒在参议院餐厅用餐，边吃边谈，他当时是华盛顿的一名参议员。我们聊了一会儿政治。他是田纳西人，我是弗吉尼亚人，两州紧挨着。我俩都是民主党人，都在为做强而奔波。我和他谈民主好处多，他也跟我谈民主好处多。最后他问："对了，希尔，你是怎么参加民主党的？"

"我祖父是民主党人，我父亲是民主党人，我几个叔叔是民主党人，我的曾祖父也是民主党人。"

他说："这么厉害！要是你家祖上都是盗马贼，你不会感觉这么好吧？"

我气坏了。我并不明白他这话是什么意思。我那时年龄不大，经验不多，不过，他迫使我思考。他跟我说这话，实际上是要告诉我，不因为你爸如何，你叔如何，谁如何，你就有权利如何。

这件事让我深受启发。后来，我再不做民主党人了。我也不是共和党人。我是一个精确思考的人。我从共和党的理念和民主党的理念里学到了一点好东西。投票的时候，我从不逮着一个人投票。我觉得只投一个人的票是侮辱我的智力。我对候选人要做一番调查研究，挑选出我认为有能力干得最好的那一位，至于他是共和党人还是民主党人，我并不在意。我认为这个人能为人民服务，我就把票投给他。我相信，凡是善于精确思考的人都会这样做。

良心做向导

当一切知识和事实都用尽的时候，上天把良心赋予你作为向导。一定要小心使用它，只做向导，不做同谋。很多人把良心当同谋而非向导。换句话说，他们说服自己的良心相信他们做的事是正当的，是对的。最终，良心退而求其次，成了同谋。

我第一次采访阿尔·卡彭时，被惊到了。他告诉我他通过美国政府从美国人民那里得到一笔很不错的交易，而他做合法生意却遭到卑鄙小人的迫害。

这是卡彭的叙述。他是这么跟我说的，可他早就昧了良心，把良心变为教唆、怂恿。如果一开始不听从良心指引，你也会这样。一旦良心变为同谋，你做什么它都赞成。

必须付出的代价

你若真诚希望自己精确思考，就必须付出点代价。这个代价无法用金钱衡量。一定要学会将全部情感诉诸理性，仔细检查。这是精确思考的第一步。换句话说，越是自己喜欢做的事情，你越要仔细认真地审视分析，要保证做这些事能够让你达成你想达成的目标。

我认识一个人，他特别想娶一个姑娘，其他都不管不顾了。此事成了他的执念，也就是他的明确的主目标。那姑娘三番五次地拒绝他，他不罢休，依然坚持追求，那姑娘没办法摆脱，最后还是嫁给了他。后来，两人都后悔了，特别是那男的，因为女方动辄就拿谁追谁跟他说事。别误会，那男的不是我，我只是一个旁观者。

对于你很上心的东西，你要认真考虑，因为你得到它之后，才发现它根本不是你想要的。我前边跟大家讲过宾·克罗斯比的故事。一个性情可爱的人，竟为欲望所困，已经不知道何时罢手。

这样的事例我可以举出 1000 个，都是为所得付出太多者，欲望太过强烈者，想从中得到太多也确实得到太多者，这些人并没有得到心灵的宁静，也没有实现生活的圆满。

我觉得，在创立这套哲学的过程中我做调研遇到的最令人丧气的事，就是我从合作创立这套学说的富人们那里了解到的东西。他们并没有随着发财致富取得成功，因为他们太看重钱了，太看重钱赋予的权力了。我不明白为什么有人想要得到百万美元，所以，各位帮帮我，我不明白——除非有人愿意像我一样，想要这百万美元将这套哲学传播到世界，以便更多的人学到它。我想要几百万美元、几千万美元，我要即刻能拿到。不是为了我自己，我不需要这笔钱。我要把这笔钱全都投到为全世界人民服务的事业中去。我认为此举无损于我本人，也无损于他人。我看不出这样做还能伤到谁。

避免发表意见

不依据事实,或者不依据你认定的事实就表达意见或者看法,这个习惯要改掉。没有事实根据,没有你认定的事实做根据,你就无权对任何事情发表意见、看法。这一点大家知道吧?我敢说,这一点你并不愿意承认。我敢说,你不愿意承认,任何时候在没有认定的事实或实际可证事实的情况下,你无权对任何事物发表意见。

为什么我说你没有这个权利呢?当然你有权利发表意见,但是,在没有事实根据或你认定的事实做根据的情况下发表意见给你带来的后果,你要承担。你可以欺骗自己。

许多人一辈子都是在用毫无根据的意见自己欺骗自己。务必改掉这样一种习惯:仅仅是因为你喜欢某些人,或者他们跟你关系好,帮过你的忙,为你行过方便,你就受他们的影响。

当你比别人多付出努力时,你就让很多人欠了你的情,负了你的债。我希望各位这样做,别人挑不出毛病,不过要当心——别因为有人帮了你一个忙,你就受他们影响。我说的是你为之多付出努力的那些人。有时候,你也可能会遇到这种情况:有人让你欠了情,负了债,而你并不想这样。

我有个朋友叫埃德·巴恩斯(Ed Barnes),是托马斯·爱迪生唯一的合伙人。过去40年,我经常和埃德一块吃午餐。什么地方都去过,大到华尔道夫酒店,小到一家小餐馆,喝一杯咖啡,吃一块三明治。

我这辈子只付过一次账。就是我、他,还有迈克·里特(Mike

Ritt）一起去看球赛。我让迈克提前买了票，每人一张，埃德没招了。

有一天，我问他："你为什么不让我结账呢？"

"嗯，跟你说白了吧，"他说，"我跟你讲真话。我想让你一直欠着我，因为可以说我是一直欠着你的，我想过一段时间还上一点，这样不至于你帮我赚了我的第一个100万，把我搞得透不过气儿来。"

他的话很有道理。他不想欠我太多，所以为了向我宣示他本人自立，坚持抢先付账。当然啦，如果我想抢先，我也能够快他一步。有一次，他和我一起吃晚饭，幸亏我没伸手去拿账单，不然就完蛋了，因为我兜里没那么多钱。

有些人想借助你的影响力寻求利益，要养成检查他们动机的习惯。在为任何目标做决定的时候，务必控制情感，因为情感会干扰你的思考。

生气时不要做决定

生气时，切勿做重要决定。例如，你在气头上去管教孩子就是错误的，十有八九你会说错话、做错事，伤害大于收益。这一条适用于很多成年人。气在心头，不可做决定。怒火冲天之时，切勿与他人讲话，因为你讲的话会返回来伤害你自己。

大家现在明白了为什么我们要讲自律课，自律课和本课是互相配合的。很多情况下，你要做到精确思考，就必须非常自律，不能想哪儿说哪儿，想做什么就做什么。先等一等，总有平心静气说话做事的时候。

善于精确思考的人不会情绪失控，不像某些人，口无遮拦。他们开口前，会认真考虑每一句话对听者的影响。

我最近在胜利无限俱乐部（Club Success Unlimited）做了一次发言，通报了我们机构内的一起事件：我们认为某人对机构不忠诚，斯通先生要对他进行纪律处分。具体情况我没说，因为那天晚上我心情很糟。我提醒全班同学注意，有人在搞第五纵队①。现在我想提醒各位注意，如果真有人搞第五纵队，大家能够保护自己，不受其害。这就是当晚我那么做的原因，也就是唯一的原因。现在，我很高兴地告诉大家，这个情况已经得到彻底纠正，没有人搞第五纵队活动了。

这件事得到恰当的处置，不带一点恶意，也没有指名道姓。唯一听得进去、可能感觉很不舒服的人，就是犯错的那一位。没犯错的人对此一无所知，当然也就不会感觉受伤心痛。

这就是本人的处置办法。此事若是处置不当，会把一个好端端的单位搞得七零八落。这种事非处理不可，好在我这样处理了，结果还不错。大家都满意，不再有麻烦。

我可以指名道姓，我可以拿人品说事，我可以按照对不爱做精确思考的人的处置方式去处置，但我没有。

你若能对这套哲学方法了然于心并加以运用，生活中无论遇到多么让人不愉快的情况，你都会以不变应万变，始终能妥善处置。我说妥善处置，意思是不仅对自己公正，对你的决定或行为可能影响到的人也公正。无论什么情况，我都不想陷入有可能冒

---

① 该词现泛称隐藏于内部的间谍。

犯或伤害他人的交易。我不愿意伤害任何人，除非要自保或者维护我的职业道德——因为我认为我做的事是惠及千千万万人的。

倘若有谁威胁到了我开办的机构、我这套哲学方法，可能损害我传播它的能力，我会像猛兽一般跟他战斗。我们奉行的这套理念，大于我，大于各位，比我们所有人加在一起还要大。

总而言之

你要搬用别人的习惯和特点，必须懂得只接受和你的人生大目标相适应的习惯、特点。切勿因为你很欣赏某人，就邯郸学步，亦步亦趋。从别人的样板中只选择适合自己生活目标的东西，要学会果断决定。但是做决定之前，一定要仔细权衡这个决定可能对你的未来规划、对他人造成的影响，想不清楚就不要做决定。

有些事我能做，做了对我有益，对你却无益，甚至会伤害你，这样的事我能想到很多。有些事可以对某人做，而我却不愿意做，这样的事我也能想到很多。为什么不愿意做？因为到头来，我是要付出代价的，因为无论你是为别人做事，还是针对别人做事，你都是在为自己做事，针对自己做事，它常以十倍百倍还之于你。

这也在精确思考的范围内。等这套哲学完全内化于心，你就知道有些事你不想让它反过来对你不利，就坚决不要做。

把别人的话当事实之前最好问问他们，所谓的事实他们是怎么得到的。别人发表意见看法时，就问问他们，怎么知道这看法、意见是有根有据的。某人随便过来说一句"这是我的看法",丝毫打动不了我,因为我要的不是看法,我要的是事实。有了事实,我自会生成自己的看法。善于精确思考的人会说:"你给我事实,我会自己整理。"

某个人说别人的坏话,你要特别小心,要仔细分析,因为既然是坏话,难免带有偏见(这样说是很客气的)。很多人有一个习惯,即做了决定,就努力证明这决定合理,而结果却证明这决定是错误的。这个习惯大家务必改掉。善于精确思考的人不会这样,如果发现自己错了,他们会像做决定那样迅速予以纠正。

精确思考永远不可能是借口、辩解的"好哥们"。一般人特别擅长为自己的过失和疏漏找借口、编理由,但那些理由说明不了什么,除非有实在的根据,否则信不得。

你若善于精确思考,千万不要用"他们说""我听说"这类词语。精确思考者在复述其所听到的内容时,会指明信息来源,还要确定信息的可靠性。我如果跟大家说我是民主党或者共和党人,并且要让大家了解我为什么入党,我会把理由告诉大家。(实际上我没有加入哪个党,因为我没有入党的理由。)

你们是否已经得出要做到精确思考并不容易这个认识?要想精确思考,必须有所付出,而这样的付出也是值得的。你不善于精确思考,别人就会利用你。你从生活中实际获得的会跟你的愿望有差距。你不会满意的。不做精确思考,就不可能做到明智。

要精确思考,就要遵循一套规则,同学们会在本书找到这些规则。阅读本课,深入体会,对本课做一些批注,而后开始思考。

对一些原则进行实际操作,例如,从信息中分离出事实,再将事实分为重要、次要两类。

本课如果能教会各位做这些简单的事情,开设本课的理由就再充分不过,其价值抵得上你全部课程花费的 1000 倍。先从信息中分离出事实吧,要确定你是跟事实打交道。而后,提取事实,把它们分开。将次要的、占用大量时间的事实扔到一边。

第十二章

专注

这一课主要讲注意力和专注。不管哪个行业，如果一个人不专注，不在一件事情上凝神聚力，还能取得成功，这样的人我还没听说过。

各位可能听过有人拿话来贬低别人，叫人家"一根筋"。听说过这个词吧？不管什么时候，如果有人称我是"一根筋"，我要感谢他呢，因为很多人脑子太灵活了，多路兼顾。他们企图多头并举，面面俱到，结果却是面面不到，没有一样做好的。我观察，凡成大事、有一番作为者均练就了一项高超本领：能让每次思考只专注一件事。

我每天留出一小时，我叫它"沉静一小时"。各位可能想知道这"沉静一小时"是怎么回事。从每天二十四小时里拿出一小时归我自己，躲在第三道思想高墙的背后，用我的全部时间来培养一种能和无限智慧沟通交流的意识。

我也用这一小时表达谢忱，感谢我那11位"引路王子"白天为我提供的服务，也感谢他们前一天提供的服务、现在提供的服务，还有明天提供的服务。

你可能觉得"沉静一小时"没什么收获，不过对我来说，这一个小时是我一天二十四小时里获益最大的。一小时安静，冥想沉思，让我能够思考更高的人生成就，思考我想为完善自我做的事情。

放开一切回归自我，是极美妙的事。你若怀着正确的心态到达那个境界，一定会找见自己的良友——只是你一定要带着正确的心态去，要带着目的和深思远虑去。

现在，我把这套哲学的基本原则理一理，这些原则合在一起，构成本次课的部分内容，本次课主要讲的是专注。绳索固粗，却是一缕缕纱线编结而成，专注原则，也是由这些基本原则编结而成。

自我暗示、自我催眠

首先，自我暗示、自我催眠是专注的基础。为实现合适的目标进行自我催眠，那自我催眠就是好事。如果任由不良的环境和错误的目标把你催眠，那催眠就不是什么好事了。很多人是掺和着畏惧、自我局限、欲望、信念缺失、催眠自己。等你学会一次只专注于一件事，也就懂得了你所专注的东西已经归你所有。

自我暗示、自我催眠不可怕，可怕的是你无意接受它，无意利用它来成就你想用以体现人生价值和获得成功的那些事。

9个基本动机是一切专注的起点。换句话说,没有全神贯注的动机,也就无所谓专注。

例如,你想赚够钱购置一块地产或者一个农场。你一门心思要做成这件事,你会惊讶地发现,专注竟然会改变你的个人习惯,把你想都想不到的赚钱机会送到眼前。我知道,专注就是会出来这样的效果,我有体会。几年前,我想买一块1000英亩(1英亩≈4046.86平方米)的地。1000英亩有多大,我不知道,我就想着买1000英亩。买那么大片的地要花大概25万美元,我兜里那点钱差太多了。但是,可以说从我确定要买那么大片的地那天起,挣钱的机会就一拨接一拨,之前从来没有过。我写的书的版税涨了,约我做报告、讲课的地方多了,请我当商业顾问的单位、机构多了,和我做自我催眠设计的情形一模一样。我一定得有钱,我一定能挣到钱,一定为挣到钱下功夫。我用这个意念说服了自己。

实际买地的时候,我没买到1000英亩,只买了600英亩。我对卖地的人说,我要1000英亩。他说:"我有600英亩。您知道600英亩有多大吗?"

"大概知道。"我答。

"您能否跟我一块去这个庄园走一走,看一看?"

一天上午,我们俩出发了。一人拿一根高尔夫球杆,遇到响尾蛇就拿杆敲蛇的头。先从外围开始走,一直走到中午。我们翻了卡茨基尔山脉的几座高峰,一半的路都是上上下下地走。中午时分,他说:"咱们刚转了近一半。"

我说:"行了,不要转了,咱们往回走吧,我已经看够了。"600

英亩的地真的大啊。

接着，大萧条开始了，也就是1929年、1930年、1931年那三年。虽然日子很艰难，但我还是攒够了钱把地买下了。假使我不专注于买地这个想法，我肯定不会有地。

专注与目的

明确的目的加强烈的欲念，正是动机的推动力。有动机而没有明确的目标、强烈的欲念做支撑，毫无意义。

普通的目标或欲望同强烈的欲念有什么区别呢？区别在于强度。换句话说，对某事物抱有祈愿或者存有幻想，不会有什么结果，但是，如果你对某事物倾注了强烈的欲望，这欲望就会促使你采取行动，会把满足欲望所需的其他东西都拽到你跟前。

那么，怎么做才能形成强烈的欲望呢？难道是泛泛思考，一会儿想这，一会儿想那吗？不。你要选择一件事：吃是它，睡是它，喝是它，呼吸也是它，张口闭口都是它——只要能找来人听你谈。你找不到人，就自言自语，心里说，反反复复地说。不断告诉你的潜意识，你到底想要什么。把它讲清、说明、摆在面前，不过最重要的是让潜意识知道，你期待的是结果，不是被愚弄。

有规划、有步骤地发挥个人进取意志，首先从专注的行动做起。贯彻信念即是专注行动的持续推力。

换句话说，不贯彻信念，遇到艰难困顿（不管你做什么，肯定会遇到）时，人就会懈怠，会放弃。人需要贯彻信念，这样即便在艰难时刻,在结果未能如期而至之时,也能保持高调行动,不减力度。

顺便问一句,有谁从一开始就没碰到过障碍,便一辈子成功,赢得人生辉煌?你们中有谁听说过?

没有。从前无人做到,以后应该也无人能做到。不管干什么,每个人都不容易。各位要当老师,讲这套哲学,应该没有我当初困难,因为我得创立这套哲学,而后我要学会怎么传道解惑,之后我就开始上课,教了十来年,才做到教而得法。

各位用不着像我一样拼,因为你们有更多的信息资料可用。现在各位集中学习的每一课背后,都有海量信息做支撑。可以说,材料汇集工作已经完成了,打个比方,就好像我代各位咀嚼了食物,你就不必咀嚼了。(不知道这个比方是否恰当,换个说法就是,内容是预先消化过的,就是这么个意思。)

信息资料就摆在那儿,每一条原则的精髓也都框列出来了。同学们只要在我做好的笔记注释上添加自己的笔记注解即可。你会把每一条原则讲得精彩纷呈。所有的课你都要专注地去做,不过,具体讲的那一课要特别用心,把你的旁批、注解加上。以后,你还要多次回头讲这些课的。要不断思索各课的内容,而在专注讲其中一课时,不要让你的心思发散到别的课上。要讲这一课,就"咬定青山不放松"。

集智与专注

集智是确保成功所必需的合力之源。全神贯注、欲有大作为,却不知道运用集智之法，利用别人的头脑、影响和教育资质，这样的人各位能想象吗？你听说过哪个人不和别人合作便成功吗？

我没听说过。我是在成功圈子里混过的，和一般人比不差，甚至可能还强一点。据我所知，在任何一个行当里，凡有大作为者，无不是得力于和他人的友好合作，借助他人的头脑，甚至钱财。

你做的业务很大，但资金不够做不了，那你就得找一个人分享机会。作为报偿，此人提供一部分启动资金。大企业就是这样运作的。我还没听说过某家公司只为一个小集团拥有，可能福特汽车公司是一个例外。多数大公司，像美国电话电报公司，所有的铁路公司，都是由数以万计的股东拥有，股东们为公司运营投资。如果没有上边所说的金融合作，没有集智操作，这些大公司便难以为继。

你目标不俗，专注于奋斗时，还需要群策群力。当然，你可以专注于失败：在失败方面，你无须别人的帮助，无须集智，自愿来帮忙的多的是。

你要想成功，必须遵守这些规矩，我现在给诸位列举的就是这些规则。这些规矩诸位回避不了，任何一条都不可忽视。

自律是监督员，它确保你朝着正确的方向不断前进，即便路途艰难。面对欲望，需要自律。面对阻碍，必须劈波斩浪、迎难而上时，需要自律。

唯有自律才能让信念长存，才能坚定意志，不因为艰难而放弃。没有自律，就不可能保持全神贯注。倘若一切顺风顺水，没遇到任何困难，那就没问题了，你可以一心一意地做事情。

创造性想象力

创造性想象力好比设计师,它在专注的条件下制订切实可行的行动方案。在聚力凝神之前,一定要有计划,一定得有一个设计师。这个设计师就是你的想象力,或者一群人的想象力,如果你有一个智囊团的话。

有人目标定得很好,却失败了,因为没有合理正确地实现目标。这样的事例大家听说过吗?这其实是一个常见现象。虽有想法、有创意,但实现想法、创意的计划却不周全。

加倍努力原则就是要保证他人给予和谐的合作。加倍努力——你在专注之时,需要它。想让别人帮助你,就要做一些事令其受你恩惠、欠你人情,如此你就得赋予他们一个动机。即便是你的智囊,缺少动机,也不会形成合力来帮助你。

当然,最显著的动机便是对经济利益的欲念。一切商业、职业活动中,获得经济利益是最重要的动机。你要经商——主要目标就是赚钱,却不想让你的生意伙伴或者你的贵人得到足够的回报,你和他们的关系就长远不了。他们要为自己做生意,会弃你而去,找你的竞争对手或者谁做搭档。

有一次,安德鲁·卡内基先生亲口告诉我,他给查尔斯·施瓦布(Charles Schwab)的薪水是每年75 000美元,有几年奖金就给了100万美元,令我惊愕不已。我想弄明白,一个绝顶聪明的人怎么会给施瓦布这么高的奖金,超过薪水的10倍还多。我问:"卡内基先生,您是不得已才这样做的吗?"

"哪里!"他答,"当然不是不得已。我本来是可以放他走,跟我竞争的。"

此话颇有深意。他好不容易找到一个好伙伴，这人对他来说是块宝。卡内基先生想留住他，留住他的办法就是要他知道和卡内基先生在一起比离开卡内基先生挣的钱要多。

此处恰好是讲话之所，跟各位同学说吧，你们将来要当老师教成功学，跟我们的机构一起干要比你去别的机构干挣钱多得多。你可以不跟我们一起干。等你通过终评考试，就可以出去当自由职业者了。你想这样，我也很乐意放手由你去，不过对你而言，那不是上佳选择。良好的判断、明智精确的思考会让你欣然投入拿破仑·希尔合作社，因为本合作社有设备、机制、影响力、技术，能让你避免犯一些如不在本社你必然会犯的错误。等你修完本课程，如我期望的那么精明，你一定会进行集智，一定会有所专注。而后，运用黄金法则，对你专注之事的后效或影响予以道德引领。

精确思考让人在制订方案、规划时避免不切实际的幻想。平时所谓的思考多半是白日梦、希望而已。很多人把大把的时间花在做白日梦、祈愿、想入非非、琢磨事上，从不采取具体行动执行自己的计划。

很久以前，我去爱达荷州得梅因市讲课，讲的就是这套哲学。讲完课，一位老者蹒跚着走到讲台前——一副病恹恹的样子。他在衣袋里摸索了一下，拿出一大卷卷了边的纸。再摸了一下，又掏出一张黄纸。他说："希尔先生，你刚才讲的没什么新意，那些思想我20年前就有了，全记在纸上。"他是记在了纸上，怀揣这些思想的人太多了，成百上千。可是，他有没有具体实践过呢？

除了宇宙习惯力法则，这套哲学其实没什么新东西，一样也没有。严格说来，连宇宙习惯力法则也不新鲜。它只是对爱默生的那篇谈补偿的文章做了诠释，用人们读得懂的词句叙述了一遍而已。

对的，是一个老人。他衣兜里就装着这些思想，四处走。要是当初他先我一步动起来、忙活起来的话，今天的拿破仑·希尔很可能是他，不是我。

想必将来有一天，某个聪明的家伙健步走来，站在我曾经驻足的地方。他根据我所作所为创立了一套理论，比我现在这套强十倍。也许这个人此刻就坐在这间教室里。

好老师

知道怎样当个好老师吗？关键看他内心对待学生的态度：他想让每个学生不仅能赶上他，还要更出色。本人衷心希望，来听课的每一位同学有朝一日能在传授这套哲学的各个环节上做得比我好。我说的是真心话。你现在下定决心，将来就能做到，和我当年起步时相比，各位的机遇太好了。所有答案是现成的，白纸黑字，一笔一画写得很清楚、很具体、很详细。各位同学有框架可以参考。你只要想做，就能做到。

凭什么你做得比我好呢？凭强烈的欲念。你相貌如何、年龄多大、是男是女都不是问题，一点都不影响。你对待此事的态度是决定因素，因为别的条件你都具备。大家都能超过我，而且用不了很长时间。

逆境的力量

　　从失败中学习，保证艰难时不放弃。在这套哲学里，你确切地学到了，无论失败、挫折，还是逆境，未必能阻挡你前进，理解了祸兮福之所倚，逆境中隐藏裨益。大家知道这一点，不亦乐乎？

　　某人挨过了大萧条，钱财尽失，几乎身无分文，不得不从头再来。各位看见其中有什么裨益了吗？

　　若是看不见，就好好看看，因为各位眼前的这个人就是这么过来的。那是三生修来的幸运，因为我八面玲珑、能说会道，我很快要赚很多很多钱，而且是轻松赚得。我焉有不惊之理？

　　我挺身奋斗，从那时到现在，我的优良业绩比在那之前的任何时候都多。如果没那番经历，我现在很可能还在卡茨基尔山上的庄园里待着，不会下山跑到这儿上课。

　　逆境时常包含福祉。采取正确的态度对待逆境，很多时候，福祉就依稀呈现出来了。内心不接受失败，便不会被打垮，不会被打败。要记住这一点，还要记住，无论什么样的不利情况，只要你沉下心仔细观察，从不利中寻找好的方面而不是坏的方面，你总能找到有利的种子。丢失的东西、犯下的错误，就不必浪费时间翻来覆去地想了。花点时间分析原因、吸取教训，以后不犯同样的错误，这是可以的。

　　专注意味着结合并运用本哲学的多条原则。专注应该最能够体现所有这些原则的真谛。专注是目标明确的孪生兄弟。

　　不妨想一想用以下两个原则能做什么。一个原则是目标明确——确切知道自己想要什么，另一个原则是凝神聚力实现目标。

你知道专注于一件事，你的思维、头脑和整个性情会怎样吗？

我讲专注，意思是把所有能腾出的时间都用在能体现你目标明确的事物上。看得见自己有目标，看得见自己为实现目标制订方案、计划，精心筹划第一步，而后第二步，第三步……日复一日地专注于此。不久，你就会达到一种境界：每一次转身就会发现机会，引领你向着体现目标明确的那个事物走近一步。当你知道自己想要什么的时候，你会惊奇地发现，自己找到的很多很多东西都恰恰与自己的向往相关。

几年前，我住在佛罗里达，有一封对我非常重要的信要发去坦帕邮局。我知道信已寄出，因为我打长途电话联系过纽约国民城市银行。我知道那封信还在路上，还没有到坦帕邮局，而我必须在12点前拿到它。我住在乡下，离邮局有10英里。

我打电话给邮局局长，他是我朋友。他说，邮件还在坦帕邮局和庙台之间的一号路线上的某个地方。"你要12点之前拿到这封信，我除了催邮递员跑快点，也没招啊。"他说，"我可以告诉你哪个站点，从哪儿启程，邮递员已经过了第九个站点了，你到那儿能截着他。我可以把顺着他的路线怎么走告诉你。"

一号路线和一条公路重合，我经常走那条路从坦帕回我在庙台的家。我还不知道路上有邮箱，于是我开始上心，注意找路边的邮箱。我想跟各位说，那些邮箱我之前竟从来没注意过，好像每隔100英寸就有一个，而且全编了号。于是，我就按邮局局长给我的编号找邮箱，估计这时候，邮递员可能正好到那儿。

终于我赶上了邮递员，他拿着信。那天是星期一，他有好多邮件要送。他说："伙计，你叫我怎么办？我不知道你的信在哪儿，只能等我把这堆信全送完了才会知道。"

我说："嘿，哥们儿，我一定得拿到这封信。它就在里面，我一定得拿到。邮局局长叫我来追你，让我非要到不可，还要我跟你说，立即把邮件分拣一下，把我的信给我。这是他跟我说的，你要是不信，你来这间农舍，给他打电话。"

"这违规啊，我办不了。"

"不管违不违规，这信我都得取走。"这时候我知道他在想什么。我说："嘿，哥们儿，你就行行好吧，你有工作要做，我也有工作要做。你的工作重要，我的工作也很重要。找个信件又累不着，你一小会儿就搞定了。"

"哦，"他说，"那行吧。"

于是，他开始找，他拿出来的第三封信就是我的。这信只是那一大堆邮件中的一件。当你知道自己想要什么，而且执意要得到它时，得到它的难度并没有你想的那么大。

我经常想，这件事不是恰恰印证了一些人的经验吗？他们知道自己想要什么并且能成功获取，什么也阻挡不了他们。障碍——胡扯，他们根本无视障碍。

我经常观察斯通先生跟他手下的推销员说话。斯通先生是我十分了不起的生意伙伴。每每听到他讲话，我心里就激动，因为我觉得他根本不懂"不/不行"这词的意思。我觉得，他很长时间都认定"不/不行"的意思就是"是/行"，这是肯定。而他获得的结果说明：他相信"不/不行"就是"是/行"，是肯定。他想从我认识的人那里拿到什么东西，他能做到极其明确，拒不接受对方回绝。换句话说，有什么东西挡了他的道，他会跨过去或绕过去，或者冲破它，绝不会让它逼停自己。这就是专注，这就是将明确的目标付诸实践。

典范人物

我们来细看几个因专注而有大作为者的例子。先说说亨利·福特。大家都知道福特先生矢志不移、孜孜以求的是什么，明确目标是什么。福特先生的主要目标的一部分内容，现在很多人几乎天天都在使用——它就是一辆价廉可靠的汽车。他要造汽车，谁也劝不住他。我听说有人带着投资发财的机会找到福特先生，依我看，那些机会个个诱人。可是，福特先生始终都说自己在造汽车，这件事耗费了他的全部时间和精力。他对其他事情都不感兴趣，一门心思朝着主要目标奔：要造出价廉物美的汽车，销往全世界。

矢志不移让他成了豪富。成百上千踏进汽车行业者，投资之巨大，比福特先生起步时多得太多了，但是最终他们绝大多数都失败了，世间知道他们姓名的人屈指可数。

论教育水平，那些人比福特先生高；论性格，他们比福特先生好；论物力条件，福特先生有的他们全有，福特先生没有的，他们不仅有而且很多，但只缺了一样：坚持。他们没有矢志不移，进展不利时，没有像福特先生那样坚持。

搞发明创造的爱迪生先生，也极好地诠释了专注能够实现怎样的成就。如果说爱迪生先生绝对是一个天才，那也是因为他在艰难困顿之时，非但不放弃，反而倍加努力。

各位想想看，一个人做了一万余次实验均告失败，仍坚持不辍。爱迪生发明白炽灯泡就是这么干的。可以想象一下，要是你在搞发明的时候经历了一万余次失败，会不会想到找人给自己检查一下，看看脑子是否有毛病？我听到这段故事时，甚感震惊。我看了他的两本实验日志，每本约 250 页。每一页上写一个实验方案，每个方案都不一样，这些实验都失败了。

我问："爱迪生先生，您要是没能找到解决的办法，您现在会做什么？"

我代他说吧："我还在实验室忙呗，不会出来跟您在这儿浪费时间。"我想象他说这话时咧嘴笑笑。你相信我好了，他说的就是那个意思。

还有一个例子，就是小威廉·里格利（William Wrigley Jr.）先生。顺便介绍一下，他是第一个付学费听我讲这门哲学课的人。我赚的头一个 100 美元是里格利先生给的。每次我乘车经过密歇根大道，看见河滨那座白色大厦被夜晚的灯光照亮，我就想到只要做事专注，哪怕是做 5 分钱一包的口香糖生意，也能成就一番伟业。

无限智慧的帮助

无限智慧见你只进不退，就会全力支持你。要是你的笔记本什么也没记，那就把这话记下来吧。如果遇到困难却不放弃，无限智慧一定会全力支持你。遇到困难，你就想想这句话。

你让信念接受考验，让进取心接受考验，让热忱接受考验，让毅力接受考验。当老天知道你经受住了考验，你拒绝接受"不行"时，它会说："那好吧，你过关了。进来吧，你合格了。"艰难时若不放弃，无限智慧会全力庇护你。

我觉得这是任何人能知晓的走向成功的唯一途径，因为我见证过，它就发生在我身上。很多时候要不是因为我还没找到答案，所以没有放弃，我的成功岂不是有违公理？

各位想一想，我投身这个领域，花了20年研究，不计回报。20年来，我把从别的渠道赚来的钱全用在研究上了。各位想想看，世界上有多少人会犯这个傻？

我觉得，除了我没有第二个人在未收到一分钱报偿的情况下投入这么多精力从事研究。不过，各位请看结果如何——数百万尚未出生的人因此受益，这套哲学的潜在效能不可估量。我们生活的这个动荡世界究竟可能发生什么，谁也说不清。如果可以对这套哲学全部内化了的个体迄今经历的事情进行判断的话，那可能有这样的猜测：这也许就是解药，解不利于人类利益的思想之毒。归根结底，我觉得，天地自然，或者说无限智慧，随便你怎么称呼吧，用简单、通俗易懂的词语向人们传达信息，这套哲学就属于这一类。只要不用查字典，翻百科全书，就能读、能听、能理解。你碰到其中某条原则时，凭自己的智力便知道，这条原则肯定是扎实可信的。你确认就是这样，无须有什么证据。如果不是我20年倾心专注，历经逆境、失败，就不会有这条原则存世。

你看，专注是有回报的。我自己的经验佐证了我说过的话："艰难时，失败时，你只要坚持住，无限智慧会全力帮助你。"

我认为，欲念是执着的，同无限智慧的安排相抵触，违逆自然法则，违逆是非法则。不论你做什么事，只要你的作为给哪怕一个人带来了灾难，造成了不公，你肯定会竹篮打水一场空，最终归于失败，收获的是苦痛。

各位既然盼望无限智慧出手相助，就必须行得端、走得正。只有所做的一切有益于涉及的每一个人（包括你自己），才叫行得端、走得正。

第十三章

从逆境中学习

如果说有一样东西世人皆不喜欢，那这个东西就是逆境，就是让人不舒服的境遇，就是挫败。不过，假如我没错误理解自然法则的话，所有人都命中注定该经历逆境、挫败、失利、阻碍，这是上天的刻意安排，原因也非常明确。

要不是我早年经历过逆境、艰难，今晚我也不会站在这里跟大家讲话，不会创立这套哲学理念，更不会以一人之论影响世界千千万万的人。正是在逆境、阻力中，我增强了力量，增进了智慧，提升了能力，使这套哲学得以完备，并授予他人。话说回来，如果我能回到过去，重新做选择，毫无疑问，我会让自己过得轻松一点，就像各位一样。

找寻阻碍最少的路线，舍难求易，是人的天性。江河择阻碍最小的水道而行，故曲折；有些人择阻碍最少的路线而动，故狡诈。人这样做非常普遍。无论做什么，我们都不愿付出辛苦，而希望事情做起来轻松容易。

头脑和身体的其他部分一样，用进废退。遇到问题或者什么事，令你不得不思考，那很可能就是你遇到的大好事，因为没有动机，人无论如何是不会做深入思考的。

成功的法则只有 17 条，而失败至少有 35 个主要原因，还不是全部，只是主要原因。

自查自省最让人受益。偏好这口，甚好。很多时候，人不愿意自查，可是对我们而言，认识自己是非常必要的，尤其是了解自己的弱点。讲成功哲学，必须告诉大家，要想成功应该做哪些事，不应该做哪些事。

现在我们就谈谈不应该做的事，谈谈你要成功的话，需要克服哪些弱点。把失败的 35 个主要原因写在下面，我这边讲着，大家在右边的栏框里按 0~100 给自己打个分。如果所列的条目你一条不占，100% 没有，就给自己打 100 分；只占 50%，打 50 分；如果是全中，就给自己计 0 分。

测评完了，把总数加起来，除以 35，得出对失败因素控制度的总体平均值。

游移不定

第一个原因是无明确目标和计划，习惯随遇而变，走到哪是哪。如果没有随遇而变，走到哪是哪的习惯，处事果断迅速，有计划并能按计划行事，确切知道前进方向，并且一直在走，可以据此给自己打 100 分。

给自己打 100 分要慎重，因为极少有人能得 100 分。你要给自己打 100 分，一定是做到了有计划、有条理，各个条件都齐备才可以。

不利的生理遗传

第二个原因是生来带有不好的遗传基础。它会招致失败，也会引来成功。我认识几个人，出生时遭遇不幸而致残。已故的查尔斯·斯坦梅茨（Charles P. Steinmetz）博士是残疾人，生下来就是驼背的，身体畸形，可是他最终成了那个时代的佼佼者之一。他的头脑令人惊叹，他便用头脑做事，不让病痛给自己造成自卑感。

我儿子布莱尔天生没耳朵，我与他干过一件事，我一直引以为傲。最初，我让他把头发留长到快要齐肩。在学校，小朋友取笑他，叫他"小妮子"。有一天，布莱尔按照拿破仑·希尔的方式把这事给解决了。回家时路过理发店，他让理发师把头发全剪了。一进家门，他妈妈一看，难过得不得了，他却说："从今往后，他们再不用笑话我头发长了，也会明白我为啥留长发。"

从那天起一直到现在，他不带一丝忸怩态。沿街行走时，路人会转过头惊讶地注视他，而他甚至毫无觉察，因为我跟他讲过不要在意。我告诉他，苦难是福分，因为苦难让人们对他更为友善。对那种苦难采取正确态度，你就能接受苦难，把它变成一笔财富。

操闲心

第三个原因是对他人的事务操闲心。有好奇心是大好事,人不好奇,就不会学习,不会调查研究。留意一句话:"咸吃萝卜淡操心。"有些事根本和你无关。

请大家记住,给自己打分的时候,好好回想一下过去,看看自己多大限度克制了这些弱点。

没有明确的主目标

第四个原因是没有明确的主目标。这个问题我们早就讨论过了,类似第一个原因。现在大家把没有主目标这条记下来。你要是没有,给自己打个零分。

把失败归咎为缺乏教育

第五个原因是把失败归咎为缺乏教育,事实上,上学受教育和成功没什么关系。我认识一些极其成功的人士,几乎没接受过正规教育。很多人一辈子活得很失败,于是自己找理由为自己开脱,自欺欺人,认为自己失败是因为没上过大学。很多时候,大学教育把人教得忘掉好多东西了,必须进行自我再教育才行。

你走出了大学之门,以为凭自己的知识(而不是个人所为)应该能挣到钱,这说明上大学没有给你带来多大好处。等你遇见"宿命道长",见他拿着根夹心面包站在街头时,你会豁然明白,不是因为自己有知识就能获得报酬。而用知识去做事，或者能调动别人做事，你才能有报酬。

自律差

第六个原因是个人自律差。常表现在饮食无度，对于自我提升、自我改造的机会不以为意。我希望各位在这一项上给自己打高分。

没有抱负

第七个原因是没有不甘平庸、志在成为凤毛麟角的抱负。你到底有多大抱负？生活方向是什么？想从生活中得到什么？你会满足于什么？

第一次世界大战刚结束时，有一个年轻士兵跑来找我。他说晚上他能有一块三明治吃，有个地方睡觉就足够了。我让他不要满足于这些。我说服他定一个更高的目标，结果不出四年，他成了千万富翁。我希望能拔高各位的抱负，这辈子不要甘心于小富即安，希望各位也能像那位士兵一样大获成功。

要立鸿鹄志。立大志又不花你一分一毛。你可能实现不了立下的目标，但是，你肯定要比你不立目标走得更远。拓宽个人视野，抱负要远大，内心要坚定：自己未来一定会达到过去未曾达到的境界。

疾病

第八个原因是疾病，通常是错误思维和饮食不当造成的。一说到疾病，肯定也是辩解、说辞一大堆，还有很多疾患是臆想出来的，被称为"疑病症"。不知道各位在多大程度上拿臆想出来的病哄骗自己、自怜自哀，你要是一直就这样做，这一项就给自己打个低分吧。

童年时的坏影响

第九个原因是童年阴影。偶尔你会注意到一个人童年时受了坏影响，这个影响会伴他一辈子。

我确信，如果小时候在我继母出场之前，家人容许我爱咋样就咋样，我一定会当第二个杰西·詹姆斯。①（不一样的是，我会比他拔枪更快）。为什么？因为我周遭的一切都在引着我、推着我，按照杰西·詹姆斯的模样做个侠客，当个豪杰英雄。

正在这时候，我那蕙质兰心、不平凡的继母走进了我的生活。这坏孩子，连同他全部的坏，她全都承受了下来，而后将他的一个个缺点、毛病转变为优点，终于，她活着看到了那一刻，当年的坏孩子在影响千百万人。同时也很遗憾，她没能活到今天。

---

① 杰西·詹姆斯（Jesse Woodson James），美国强盗，是詹氏-杨格团伙最有名的成员。他去世后被刻画成一个民间传说人物，不时被误描绘成一个枪决能手。

缺乏毅力

做事不能一以贯之，缺乏毅力，这第十个原因是一个大毛病。有人做事虎头蛇尾，是什么原因导致做事不能一以贯之，有始有终？不能把事情做好，主要原因是什么？

主要是动因不够。谁都不想做事做得很糟。我告诉各位，不管什么事，如果一个人想做到底，他会坚持做到底的；如果不想做下去，他会找一大堆理由推三阻四。

你做任何一件事，是养成有始有终、一做到底的习惯对你有好处呢，还是动辄三心二意、转移兴趣对你有好处呢？你是坚持做下去，还是很轻易地就改弦易辙、开小差？有人一批评你，你是不是很容易被说动，放弃不做了呢？

我要是当初害怕批评，这辈子肯定没什么出息。我最终达到了一种境界，就是乐于接受批评，因为批评能激发我的斗志。我发现，内心有了斗志，事情往往会做得很出色。于是，我就更坚定地做下去。

很多人失败是因为缺乏继续前进的动力，尤其是在艰难困苦之时。人无论做什么，都会遭遇艰难期。例如开辟一项新业务，你需要资金，而往往起步时你手头没钱。再如做专业，你需要有客户，可刚开始你没有客户。再如才找到一份工作，你需要得到雇主的认可，但刚入职你还没有被认可，这种认可得靠你自己挣。起步总是艰难的，而正因为如此，你才需要咬牙坚持。

消极心态

第十一个原因是有消极心态。你大部分时间是消极为主调,还是积极为主调?你看见一个甜甜圈,首先看到了什么?是先看到空的部分,还是实的部分呢?不少人遇到问题时,就像是看见甜甜圈的空心,对此抱怨不已,因为有空心就等于少了一块美味糕点,他就是看不见甜甜圈实的部分。

一个人习惯于让自己的思想变消极、保持消极,那会是一个什么结果?思想消极者,人人避之;思想积极者,人人向之。因为被吸引者与你的心态相宜,性格相合。常言说,物以类聚,人以群分。消极者跟消极思想扎堆,积极者和积极思想抱团。

谁控制你的思想?谁决定了思想是积极还是消极的?当然是你。请各位按行使这项特权的充分度高低,给自己打个分。这是你在世上现在拥有或将来拥有的最宝贵的东西。唯一一样你无可争议也从未有过争议地能把控的东西就是它:你有权让你的思想积极起来并保持下去,也有权让生活环境把思想弄得消极。

你要保持积极正向的心态,务必下功夫,因为周围消极因素、负面影响很多。消极人很多,负面环境很多,多到你如果不在内心自辟一方净土,而是成为其中一分子,那么多半情况下,你会陷入消极状态。

对消极思维和积极思维的区别,不知道各位有没有一个清晰的认识。能否想象一下大脑分别处在积极正面状态和消极负面状态时,会发生怎样的化学变化?你在个人生活中,是否曾经见证过或者体会过，人在畏惧时做出的业绩和无畏时做出的业绩之间的差别呢？

我第一次写作《思考致富》的时候，还在罗斯福总统手下做事。那时正值大萧条时期，也是罗斯福总统的第一个任期。写书的时候，我和其他人一样，那种消极心境在不知不觉中附身。几年后，我再把书稿拿出来一读，感觉出书卖不出去，因为行文节奏都是消极负面的，你能感觉出来。作者著书的心态如此，读者一眼就能看出来、摸清楚，无论作者如何遣词造句。

《思考致富》我一课未改，不过我以一种全新的心态坐到了打字机前。这么说吧，人振作起来了，积极度百分之百。我用打字机把书稿重新写了一遍。这本书就这么火了。你若消极，你就做成不了事，你盼着做成某事对自己有益，也能惠及他人，但你做不到。你要找人跟你合作，想向别人兜售东西，或者想给人留下良好印象吗？那就自己先养成积极心态，再去找他们吧，不然就别往别人眼前凑了。

我特别强调这一点，因为我想给各位一个机会，为自己打个准确的分数，是为自己保持的平常心态打分，而不是给某段时间的某个时刻的心态打分。

你是积极正面居多，还是消极负面居多？我要告诉你们一个判别的尺度，百试不爽：请体会一下自己早晨醒来起床后的感觉。当心境不佳，那是因为以前有很多思维习惯（也许可以算在前一天之前）都是负面消极的。你放任自己的思想变消极，就会令自己无精打采，特别是第二天早晨，很明显。你看睡醒后，恰好是刚走出潜意识的影响。你的意识之前已经下班了。等意识再上班的时候,发现潜意识在前一整夜搅得头脑乱七八糟,意识不得不进行清理。

醒时心情快乐,想起床,想做今天要做的事,那很可能是前一天甚至前几天,你的心态都是积极乐观的。

不能控制情感

第十二个原因是不能控制情感。消极情感要控制,积极情感也要控制,这一点各位想过吗?例如,为什么要控制爱这种情感?因为不控制,爱会让你陷入水深火热中,搞不好还会让你受伤。

再说一种情感:对金钱利益的欲望。是不是要加以控制?当然要控制,因为不控制,这种欲望膨胀,最后让你变得贪婪。我遇到过很多人占有钱财太多,特别是有些人凭空就有钱,例如从别人那里继承了很多钱。

各位知道我为什么叫拿破仑吗?是我父亲用我伯祖父的名字给我取的名。我的伯祖父叫拿破仑·希尔,他在田纳西州的孟菲斯,是一个做棉花生意的千万富翁。我父亲的想法是等伯祖父去世后,我能继承一笔钱。

伯祖父死了,而我一分钱没得到。我知道自己一无所获时,心里很难受。后来,我用一部分青春换取了智慧,也看到了有些继承钱财的人的遭遇,我内心无限感谢那时分文未得,因为我学到了自己挣钱的好办法,无须别人馈赠了。

想不劳而获

你有没有动过不劳而获,或者少劳多得的念头?有没有想过拿了就拿了,不必投桃报李?这种念头,咱们谁不曾动过一回两回?这就是第十三个原因,想不劳而获。

你可能有很多毛病、缺点,但你希望弄清是哪些缺点并加以克服,对吧?我们现在做这个分析,就是为了克服毛病、缺点。给大家一个机会,当一回法官,当一回被告,当一回检察官,一身三任,最终自己做出评判。自己找缺点、挑毛病,远胜于我替你找缺点、挑毛病,因为当毛病、缺点是你自己找到的,你就不会寻借口找理由分辩,会努力把它们克服掉。

不能迅速决断

你做决定是迅速果断,还是慢悠悠的?等做了决定,你是否容许上来一个人就把你的想法推翻?是否容许在没有充分理由的情况下改变决定?你在做出决定后,坚持决定的力度有多大?在什么情况下你会改变已经做出的决定?第十四个原因是在决断上。

对待问题应当始终保持虚心豁达,千万不要做了决定后说"就这样了,我绝不改了",因为以后可能出现某种情况,迫使你不得不撤销决定。

有些人固执,一旦决定了,不论对错,他们死抱着不改。这种人我见过很多,他们宁死不改,也不允许别人违逆他们。

当然,你不会这样。如果你切实把这套哲学思想内化于心,就不会这样。你可能曾经这样过，但现在不一样了，不然，你肯定不喜欢本项调查测验的结果的。

七种基本恐惧

第十五个原因是"七怕"中的一种或多种，这"七怕"是：
（1）怕贫穷；
（2）怕批评；
（3）怕疾病；
（4）怕失爱；
（5）怕失去自由；
（6）怕老；
（7）怕死。

这"七怕"几乎每个人都经历过。我什么时候害怕，我都记得。不过现在，这"七怕"中我一怕也没有了。

我什么都不怕——一点儿都不怕。在我看来，死亡只是我人生必然经历的一个奇妙片段，等到了那一步，我自然应付得了，很有可能我会开开心心地接受它。

这便是我们生活在其中的美好世界。活在这个世界，我高兴；做我正在做的事，我高兴。人生旅途上遭遇令人不快的境况，我也会为之高兴，因为我要验证是我强过环境，还是环境强过我。只要能征服环境，我就不会为之忧烦焦虑——不管是时不利兮，还是人不待见我，说我的坏话。我何必焦虑呢？

有人说我的坏话，我会自检自查，看看人家说的是否属实。

如果不属实，我可以置身事外，对他们报之一笑，笑他们太蠢，笑他们作孽自害。

娶错媳妇嫁错郎

第十六个原因在亲密关系上。先别急着给这一项打分。这个问题，你要是百分之百犯了错，就在评级打分之前好好辨别一下，看看这个错是不是纠正不了了。

我常想，我帮助拯救了多少个家庭。有些婚姻是我拆散的，本来结婚前就该散伙了，只是双方没有勇气承认失误，承认犯错。不过，我挽救的婚姻远远多于拆散的婚姻。我的观点是：人不相属，必无和谐。彼此没有互补了——至少应该各居其屋，不厮混。

有人认为，一切婚姻均是天作之合。果真如此，那婚姻该是一件多么美好的事啊，但是依我看，有些就不是。究竟是哪里作的"合"，不知道，反正肯定不是天作之合。

我还发现，有一些关系也不是天赐之缘。我帮助纠正了很多这种关系——两个业务伙伴不能以和谐精神合作共事。有了人和——至少是顶层能和谐共事，地球上还有什么生意做不成呢？

关系不和，家庭怎会有欢乐？怎会是乐归之所？

和谐始于忠诚、可靠，而后才有能力。我说过，这是我评价人的方法。我想选一个人就任高职岗位，我首先寻找的是这个人是否对需要他忠诚的人忠诚。如果他不忠诚，无论如何我都不会要他。

接下来我要看可靠度：能不能依靠这个人在恰当的时间、恰当的地点做恰当的事。可靠之后才是能力。我见过很多人能力极强，但是不可靠。他们不忠诚，靠他们结果就悬了。

过度谨慎

第十七个原因是在业务和专业关系上过度谨慎。小心谨慎过了头，连婆婆或丈母娘都信不过，这种人各位见过吧？

我以前认识一个男子，小心得过了头，钱包都是特制的，上边带一把小锁。每天晚上他把钥匙藏起来，一天换一个地方，弄得他媳妇没办法搜他裤兜，掏钱包取钱。这哥们儿够奇怪吧？我敢说，他媳妇还是爱他的。

大大咧咧

接下来，就是第十八个原因——待人接物没有一点谨慎。各位遇到过这样的人吧，什么时候都是大大咧咧的，张口就说，想说什么就说什么，一点不在乎对他人造成影响。

见过这种人没有？没一点慎重，不分对象、场合，不讲策略，一点不顾及自己讲出的话会给别人带来什么后果。我见过这种人，讲话极其锋利，堪比从未用过的剃须刀片，见什么就扯通，管他是不是对的，一点都不慎重、不小心。

我还见过一种人，推销员把材料摆到他们面前，他们都签字，连看都懒得看，大标题都不读，更别说看小字了。这种人各位见过吗？

小心过头不好，不小心也不好。什么是中庸？本课讲的是精确思考，中庸之道就在其中：做事前，要仔细把事情想清想透，不要事后再想；说话前，要斟词酌句，不要话说完了再去回味。

这一项给自己打个比较准确的分，有点困难。坦白地说，这两项，就是第十七个、十八个原因，我给自己准确评分都有点困难，因为生活中我犯过很多次不谨慎、不小心的毛病。现在看看，我早年遇到很多麻烦、困难，都是因为我相信的人太多了。例如，听任某人对我百般奉承，容许他使用拿破仑·希尔这个名字，而后他出去打着拿破仑·希尔的旗号招摇撞骗，坑了好多人。这种事发生过好几次，后来我才警惕起来，加倍小心。

不过，我不想小心谨慎得过头，弄得什么人都不信。如果那样，生活就毫无快乐可言了。

顺便说一下，这一课是整个课程中价值最高的课程之一，因为这是一次自我检视的课。你就在现场，你在评判，你会弄明白一些事情。今晚如果弄不明白，你就把本次课的内容复习一遍，再对照检查一下你的自评分数，你就会明白了。

我跟你打个赌，你回头再看这个评分，只要你静下心来，认真思考一下，你就会改分数，也许会改五六次，甚至七八次。我赌多少钱？这么着，最多一毛钱。

选错合伙人

再就是第十九个原因，在自己的职业或行当里选错了合伙人。

因为选错了合伙人，弄得自己麻烦缠身，这种事例各位应该听说过很多吧？

一个年轻人学坏，走上歧途，追根溯源，是受了别人坏的影响。不受影响却变坏的年轻人，我还没见过。同样，年轻人犯错，养成不良习惯，也是受了他人坏的影响。没有他人影响，就养成恶习的，我也没有听闻。

选错职业

第二十个原因是选错职业，或者说完全忽视了职业选择。这一条，100人中会有98人得0分。当然，各位修习这套哲学的学员，假如已经把第一课"目标明确"的理念融会于心，这项评分肯定要高得多。

评分不是0就是100，没有中间分。明确的主目标，你要么有，要么没有。不可能半有半无，打分打成50或60。有就是有，没有就是没有。

不能全神贯注

第二十一个原因也就是说兴趣分散。你把注意力分散，分散在很多东西上。人单力薄，人生苦短，不懂得聚力凝神，一次只专注于一件事，一做到底，做精做好，怎么会有胜算？怎么能保证成功？

缺少规划

对第二十二个原因，自我评分可能比较困难：缺少预算，对收入和支出缺乏认真细致的管理。

你知道普通人是怎样管理预算的吗？普通人花费，某种程度上是受他能从别人那借贷的额度控制的。差不多就是这么回事。要是信贷断了，他差不多就完了，但是，没断信贷之前，他花钱通常是大手大脚的。

一个企业如果没有一套制度管理收支，要不了多长时间就会破产。所以要有管控，有一个机制来管理，人们管它叫"泼冷水的"。每个成功的企业，无论大小，都得有一个"泼冷水的"：它掌控公司的资产，不叫它随便流失，时机不对，渠道不对就不行。

不会规划时间

第二十三个原因是，不会规划、不能充分利用时间。人拥有的最宝贵的东西就是时间。每人每天24个小时。要想保持健康，必须有8小时用于睡眠，再用8小时谋生，还有8小时用作休闲。在美国，你是一个自由公民，在闲暇的8小时里，你可以干你想干的事：可以养成良好的习惯，可以养成不良习惯，可以自我教育。

这8小时你在做什么？这个问题你如何给自己打分，在这8小时你干了什么就是决定性因素。你是否习惯规划时间，时尽其利，时尽其用？是否自有一套办法让全部时间过得有价值？

前 16 小时是自动规划的，而剩下这 8 小时没有自动规划：你可以随意发挥做很多事。本课程有一整节课是讲时间规划和收支预算的，对如何利用好这 8 小时的空闲时间，提出了一些具体建议。

做不到热情而有度

第二十四个原因是做不到控制自己的热情。这也是一个难题。毫无疑问，热情是一切情感中最可贵的，条件是你要像开关水龙头或电灯一样自如地打开和关闭它。如果你对热情能够做到招之即来，挥之即去，本项可以打 100 分；如果你没这个本事，你把分数打到近乎零分就可以了。

各位有没有想过自己的意志力？意志力是干什么的？人有意志的力量，它的目的何在？其目的在于约束。意志力就要约束人的思想，这样，一个人才能从心所欲，才能形成自己想要的习惯。

是毫无热情，死鱼一条，还是热情似火，奔放无羁，究竟哪一种情形更糟糕？我是分不出两者之高下的。如果你要当个好老师，就要学会上课的时候释放热情，因为不这样做，言语表达就平淡乏味，缺乏磁性。讲话时不投入热情，就抓不住听众的心。而要带着热情讲话，先得内心充满热情才行。

如果有人现在惹我生气了，我可能会关闭开启中的热情，而后开启别的情绪。也许那样做要恰当得多（条件是我没有说错话）。有一段时间，我开启愤怒的速度比开启热情快得多，而且克制愤怒并不像发怒那么容易。做不到热情而有度这一点也是各位务必要克服的毛病。不管什么情绪，说开就开，说关就关，这个本领一定得具备。

不宽容

第二十五个原因是不宽容。不宽容是宗教、种族、政治或经济观念上的无知、偏见造成的思想狭隘。这一条，你给自己打多少分？

你要是能在这一条上打 100 分，评价自己在一切问题上对一切人始终保持虚怀若谷、宽容开明的态度，那真的是太好了。你能这么说，应该是超凡入圣了。

不过，我想，在你决意对一切事情持开放态度之时，你可以这么说，这样的时候是有的。我觉得我本人就是这样。

如果这一条你打不了满分，你做不到对一切人一切事都开明，退而求其次又该怎么做呢？

时而宽容是可以做到的。宽容的次数越多，你会发现时而宽容的时间越来越长，最终，宽容成了个人习惯，取代了不宽容。

这个世界上有这么一类人，一遇见别人，就立即开始挑人家的毛病，而且总能挑出来。我很遗憾地告诉各位，这类人占多数。

还有一类人，我注意过，这类人很成功、很快乐，走到哪儿都大受欢迎。这类人遇见任何一个人，无论是生人还是熟人，很快会在对方身上找他喜欢的东西，还会夸赞对方，让人感觉他看见的是对方的优点，而不是坏毛病。

有人走到我跟前问:"您是拿破仑·希尔吧?"

我说:"是我,惭愧。"

"我想跟您说,希尔先生,读了您的书,我收获很多。"

我听见这话就来劲。我爱听这样的话,感觉好极了,只是别说得太多就好(你也可以这样做)。我感觉很受用。

听见别人称赞而没反应的人,我还没遇见过。如同一只性情坏的猫,你轻轻抚它的背,它会卷起尾巴,"呼噜噜"低声叫。猫一般是不大友好的,但是,你做了它们感觉受用的事,它们会变得友好起来。

不会合作

第二十六个原因是不能本着和谐精神与他人合作。我觉得生活中有些情况下不跟人合作是可以理解的,情有可原。我常遇到一些人,请我办事,但那些事我不可能为他们做。他们想要我的影响力,想让我写字条、推荐信什么的,要我打几个电话——这些我做不了。我跟谁合作,为什么事合作,我得很感兴趣,有意愿才行,不然恕不合作。

德不配位,德不配财

再就是第二十七个原因,手握的权力并不是凭德行优良所获,勤奋努力所得。希望你就这一条打分的时候不会有问题。

缺乏忠诚

第二十八个原因是对应该忠诚的人不忠诚。你要是对应该忠诚的人发自内心地忠诚，你可以给自己打 100 分。如果忠诚没做到始终如一，就不要自评满分了，要把分数往下拉一点。

对了，各位同学就上边任意一个因素打分时，如果分值低于 50 分，记得在上面打个叉做标记，回头细细研究一下。上述失败因素，你应该做到至少控制半数。如果半数以上控制不了，说明你已经到危险点。

脱离事实形成意见

第二十九个原因是习惯性地依据已知的事实形成意见。这一条如果得分低于 50 分，就请赶快做做自己的工作吧。不要脱离事实谈观点，要依据自己认可的事实谈意见。

每当我听见谁对自己一无所知的事情发表意见时，我总会想起两个人议论爱因斯坦相对论的故事。故事中两人争得热火朝天，其中一位说："哦，扯淡，爱因斯坦对政治有什么了解啊？"

有这样的人，对世界上的一切事物都品头论足，发表意见、看法。他们觉得自己比艾森豪威尔还会治国理政；可以跟埃德加·胡佛谈一谈后者的工作问题；他们总能让朋友心悦诚服，让朋友顺风顺水。你要是仔细查一查他们的底就知道，他们高妙不到哪儿去。

自负与虚荣心

第三十个原因是自负和虚荣心。自负很奇妙,虚荣心也很奇妙。一个人没一点虚荣心,连脖子和脸都不会洗的,也不会卷头发,做女人常做的那些事。

虚荣心是要有一点的,自负也要有一点,但不能太多。我觉得口红很好,只要别粘到我的衬衫上。脸上搽胭脂当然很妙,可你知道吗?自然有一双巧手,能把脸蛋描画得恰到好处。一个六七十岁的老太太涂脂抹粉,打扮成十六七少女的模样,岂不是自己蒙自己?别人是蒙不了的,她肯定骗不了我。

很多人需要增加一点自负,因为他们已经被生活消磨得没了脾气,内心没了斗志——没了进取心,没了想象力,没了信念。自尊、自负是好东西,只是要把控适度,不要让它招人反感。

一个成功者开始做任何事情时,都是对自己的能力满怀信心。我没有听说过做事而无自信终获成功的人。这套哲学的一个目的就是让各位学员能够把自负感提升到这样一个水平:想做的事,不论什么,你都会毅然奔赴。有些人的自负感需要减少一点,但很多人需要提升,这是我要强调的。

缺少幻想和想象

第三十一个原因是缺乏幻想和想象。非凡的幻想能力和想象力究竟是先天遗传还是后天习得,我一直没能搞清楚。就我本人而言,我觉得是父母遗传的,因为很小的时候,我就特别善于想象。小时候,爱幻想反倒害了我。我的想象力太丰富了,它没把我引向正确的方向。

不愿意多付出努力

第三十二个原因是不愿意多付出努力。如果你习惯于多付出努力,懂得从中汲取快乐,那么有可能你会让很多人听从你的指派——而且是心甘情愿的。如此,他们不介意听凭你指派。如果你有足够多的人自感对你负有责任、负有义务,那你就完全有理由合法地利用他们,利用他们的影响、教育背景、能力等,助你成功。

那么,怎样才能让别人按你的意愿做事呢?首先你要为人家做点事。看看为别人做一件好事多容易,你甚至连问都不必问,对吧?

你怎么给这一条评分?在你需要帮助的时候,身边有一大队人马整装待发,随时支援你,这样的情形有多少次?为了培养这支队伍以备不时之需,你是怎样做的?前一分钟你才多付出一分努力,后一分钟就要求你效劳的人加倍效劳你,这怎么可能?你得先营造善意和友情才行啊。

时机要找准。当年我给勒图诺先生帮忙,讲多付出一分努力讲了一天。有一个员工理解错了。他是一个工具修造工。当时工具修造工很稀有,再加上是战争时期。他认为多付一分努力就是每天晚上回来,加几个小时的班。他把他的看法告诉了勒图诺,不过没有提他想挣加班费。周末,他把要求正常班工资和加班费的单子递了上去,勒图诺先生很生气。这个员工自己没得到好处,反而丢了取得勒图诺先生信任的机会。

很多人愿意多付出努力，只为权宜之计。他们这样做就是为了让人"负债"，可时机把握得不好，不想让你忘记他们多付出了一分：前脚帮了你一个忙，后脚就要求你帮他们两个、三个忙。这种事你遇到过吧？见过有些人犯这种错吧？你是不是也这么干过？

如果要我选哪条原则你用得最多，我会选多付出努力这一条，因为这一条是每个人自己都能掌控的，不需要恳请谁允许你努力变得善良友好、乐于助人。你只要着手做，就会感觉有一点不一样，因为一般人是不这么做的。

其实，对待对手或者不喜欢的人，一个最好的办法就是施恩惠于他，为他做事情，让他心生惭愧。

两年前，我去密苏里州帕里斯（Paris）讲课。那儿的人怀疑我，通过商业改善局、联邦调查局、邓白氏、证券交易委员会、邮局等机构对我进行调查。他们就知道我要去他们那搬银行、搞事：拿破仑·希尔这么大的牌子，如果不是干坏事，为什么跑到密苏里帕里斯这来呀？

我采取了点措施。谁对我来这一手，我不加倍奉还，那是不可能的。有人要伤我，你放心，我一定在乎。

我告诉各位我是怎么在乎的。等我讲完了预备班的课，收完了钱，我就开始行动了。我给学员们讲大师课，就是各位现在花500美元上的这个课。另外，我把预备班收来的钱全拿出来，做广播节目，放给整个地区五六个县的人听。

我就是这么干的。你要回击伤害你的或者想伤害你的人，就用这个办法——用优质的服务和好的心态对付他们，让他们浸没在里面。

你知道结果怎样？什么叫种瓜得瓜，种豆得豆？告诉各位，这回我有了职业生涯里无与伦比的一个大发现。我发现：本国的普通人，就像密苏里州帕里斯这地方的群众一样，渴望学习我这套哲学。要是当初我对怀疑我的人睚眦必报，就不会有此等大发现了。

修习这套哲学的同学们，你们的站位比大多数人要高。你不要去一般人去的用来解决分歧打官司的法庭，你要另找法庭解决分歧。如果你一定要反击，一定让对方觉得羞愧，办法就是好好待他，而不是叫他害怕。

帕里斯那帮搞我的人，我可以告他们诽谤，或者告他们败坏我的名誉，合法回击，但那有何用？那样一来，我岂不是把自己拉低到他们的水平了吗？

若是抡拳跟人打架，我在很多人面前走不了一个回合，因为人家比我强壮，比我块头大，抡拳头比我在行。我要靠跟人抡拳打架解决矛盾分歧，岂不是傻吗？

我偏爱上法庭解决问题，法庭里的法官、陪审团、被告和起诉方都会听我的。我喜欢跟这样的法庭打交道。各位的内心也要有这样一个法庭，你来选择时间、地点和与人打交道的技巧。这样做，就把很多想伤害你的人置于不利地位。

报复欲

第三十三个原因是为真实或臆想的仇苦产生报复欲。为真的仇苦产生报复欲，为臆想的仇苦产生报复欲，究竟哪个更糟？

各位不妨思考一下：当你为某种原因表示要报复或者很想报复的时候，你会怎么样？

想报复让那个人痛苦了吗？没有，痛苦的是你。怎么会让你痛苦呢？因为这种欲念让你消极，毒害了你的思想。甚至，这种想法要是揣得时间久了，还会毒化你的血液。消极心态都会渗入血液，继而损害健康。

找理由开脱

第三十四个原因是为犯错找理由开脱。你犯了错，做事做砸了，或者该做的忘做了，你是不是立即找理由为自己开脱？你是否会说"这是我的错"？你是老老实实承担后果呢，还是转着脑筋想出一套理由，说明自己做得对，或疏忽得合理？各位就按此给自己评个分吧。在这个问题上，你更倾向于怎么做？

若是普通人，多数情况下会找理由为自己开脱，证明做或者不做是合理的。若不是普通人（我保证，你要是把这套哲学理念内化于心，你就不普通了），你就不会找理由开脱，因为你知道那样做只会让自己更糟糕。别让找理由开脱成了你离不了的拐杖。你该勇于担当，承认过失，承认缺点。你愿意承认错误，因为自己认错是大好事。当你真正了解自己的缺点，诚恳承认缺点的时候，会使自身受益。你用不着把错误推给世界，只要在该承认的时候承认即可。

靠不住

给第三十五个原因做自评可能有点难度，不过，你是否靠得住，你自己很清楚。说话是否靠得住，自己清楚；工作能力是否靠得住，自己清楚；为人夫、为人父或者为人妻、为人母是否靠得住，你自己清楚；跟人有信用往来时是否靠得住，你自己清楚。

我这辈子遇到过一些爱酗酒的人，我曾经费力想把他们矫治过来，现在不那么做了。我把时间花在不会酗酒的好伙伴身上，成效要比矫治酒徒强得多。现在我要是再遇上酒鬼，就直接送交"戒酒互助协会"，他们比我更有办法。

我还遇见过一些人，清醒的时候什么都好，脑袋发昏的时候要什么没什么，这样的人是靠不住的。多数商业企业不会让这类人承担重要工作，因为他们让人不放心。

第十四章

创造性想象与想象力

接下来谈谈创造性想象。有人说，想象力就是塑造头脑目标和灵魂理想的车间。我个人觉得这个解释极妙，无出其右者。

想象分两种，一种是综合性想象。它是由旧的思想、观念、计划、事实结合而成，以新面貌呈现。

全新的事物是罕见的。说某某人创造了一种新思想、一个新事物，极有可能，这个新思想、新事物并不是真正新的，它只是把旧的或者已有的东西重新拼合而已。

另一种想象是创造性想象。它借助人的第六感在潜意识里进行，扎根于大脑的潜意识区，是新事实、新思想呈现的媒介。

进入意识思维、被情感重复和支持的每一个想法、计划或目的，会被大脑的潜意识区自动接收，而后由可行、便捷的自然手段执行，产生符合逻辑的结果。

我想强调一个重要事实：凡是被带进意识思维，并一再受到情感支持的想法、计划或目的，都是会实现的。你头脑中的想法、主意，如果没有掺入情感，没有热情，或者没有相应的信念，基本不会产生行动。

行动前，一定要把情感、热忱和信念融进你的思想里。

综合性想象力

讲几个运用综合性想象力的例子。第一个例子是爱迪生发明白炽灯。爱迪生的电灯其实没有原始创新的东西，造白炽灯的两个要素早在爱迪生之前就为世人所熟知。

爱迪生的工作就是经过一万次各种失败，找到一个办法，把两个老想法结合起来从而做出新东西。一个想法就是给灯丝加电，灯丝变热发光。在爱迪生之前，很多人都注意到这是一个办法。爱迪生的难题是找到一种控制手段，保证灯丝加热到白炽发光时不会燃烧升华。

他做了一万多次试验，无一成功。有一天，他躺下打盹——这也是他的习惯，把灯丝难题交给了潜意识。睡觉过程中，潜意识想出了解决办法。（我一直没搞明白，为什么他要经过一万多次失败才能调动起自己的潜意识思维拿出来解决办法。）

其实，他已经把灯丝难题解决了一半。他在木炭性质里找到了解决另一半问题的办法。生产木炭，要先把一堆木头放在地上，点火燃烧，而后将土覆在木头上，让氧气的渗入量刚好能维持木头闷燃，但又不让它起焰。火烧掉了一部分木头，剩下的就是木炭。当然，没氧气也烧不起来。

爱迪生很早就知道烧炭的方法了，他揣着这个方法又一头扎进实验室。他把一截通电加热的灯丝放入一个瓶子里，抽出空气密闭，切断氧气，保证没有氧气接触灯丝。他打开电源，灯丝燃烧了 8.5 小时。直到今天，这依然是电灯泡的工作原理。灯泡若没拿稳，摔了，它会像打枪一样"砰"的一声炸掉，因为里面已抽完了空气。灯泡内是不能进氧气的，因为一进氧气，灯丝很快会烧毁。

借助综合性想象，这两个早就有的简单创意结合在一起。如果你研究一下自己运用想象力的情况，或者成功人士运用想象力的情况，我想你会发现，多数情况下是使用了综合性想象力，而不是创造性想象力。

克拉伦斯·桑德斯（Clarence Saunders）的小猪扭扭连锁店（Piggly Wiggly）也是运用综合性想象力的例子，没什么创造。他只是把对方自助餐厅的经营招术，直接搬进了街对面的杂货店使用，仅此而已。管用吗？管用啊，头四年搞了 400 万美元。把旧想法、旧概念重新调配运用，很可能大赚的。

各位可能发现了，这套哲学里新的原则只有一条，你以前可能没见过。这是我对这套哲学的唯一贡献，其他全能追溯到人类之初。不过，我是怎么做的呢？我运用综合想象力，重新调配组合，整理分拣出了制胜的显性因素，将它们按前所未有的方式做了组织调配——化繁就简。谁都能掌握它们，并投入实际运用。不过，这样单纯使用综合想象力，注定要比过去 500 年中我这个行业成就的其他任何一件事影响更多的人，也注定会有益于尚未出生的人。

我经常自问，为什么比我聪明的人很早以前没想到这一点呢？当我们有了一个好的创意时，总会这样想："很早以前我正需要钱的时候，为什么没想到这个主意？"

亨利·福特把四轮马车和蒸汽脱粒机结合在一起，也是运用了综合想象力。他第一次看到蒸汽引擎带动一台脱粒机时，便受到启发，发明了汽车。那台脱粒机的机械构件与蒸汽机的传动部分相连，正在公路上行驶，福特先生注意到了。而后他豁然开朗，想到可采用相同原理，把蒸汽机装在马车上，代替马匹，造出非马拉的四轮车。这车就是后来人们熟知的汽车。

创造性想象力

再讲两个运用创造性想象力的例子。一切新想法、新主意都是在创造性想象力的单一型应用或者集智型应用的过程中——一般是在集智思维的过程中产生的。当两个人或多个人为解决一个主要难题聚集在一起，本着和谐一致的精神，心往一处用，劲往一处使，彼此激发调动热情的时候，这个团队的所有成员就会渐渐有主意，有想法。这个团队一定会拿出一个处置难题的思路或办法。某个人会找到答案，就看谁的潜意识和无限智慧合拍对接，先获取答案了。

通常，这个答案不是来自团队中头脑最聪明、受教育水平最高的人，而是来自受教育最少也最不聪明的人，因为潜意识思维好像很难和正规教育对上点。看看亨利·福特，他就没有受过正规教育，再瞧瞧爱迪生先生，只受过一点正规教育，再看看我，人生成就不可谓不巨大。所以，这一点没错。我只念过高中，但是有幸为世人献上了第一套切实可行的成功哲学,让无数人受益。

再提几个创造性想象的例子。譬如,居里夫人发现镭。当时,她只知道在理论上宇宙的某个地方有镭。她希望镭存在于这个我们称之地球的小泥丸上。目标明确,思路明确。她做了数学推算,确定某个地方有镭。之前没人见过镭,更没人拿出实物。

可以想象一下居里夫人发现镭的过程,大概和草垛寻针的寓言故事差不多吧。我总是把她发现镭的过程比作草垛寻针。借着自然的某种奇异过程,她遇见了第一缕镭,并把它提炼出来。而今,镭用在了医疗上。

居里夫人是如何做到的呢?她是怎么发现镭的呢?是什么给了她第一批线索?别以为她是拿把铁锹出门掘地找镭,她不会那么蠢的。

她调整了思维,接入无限智慧。无限智慧引导她走向源头——这个过程也恰恰是你招财吸金、实现理想的过程。首先,要调整思想,看清楚自己想要的东西,继而巩固这一目标,用信念做支撑,即便困难重重,也不消减对目标的渴望。

再以莱特兄弟发明飞机为例。莱特兄弟造飞机之前,从未有人造出过比空气重却能飞行的机器。

开始造飞机时,他们被人嘲笑。试飞成功后,他们对报界宣布,要在北卡罗来纳州的基蒂·霍克再做一次展示。报社记者无不怀疑,甚至都不愿意去那里。过去几百年,有哪个报社记者会跑到那么个小地方去搜寻特大新闻啊?哪个记者不是八面玲珑,聪明得不得了的?他们知道答案。各位看看,当有人有了创意时,有多少人就会像这样？八面玲珑者、聪明过人者就是不信有人能造出来，因为以前没有造出来过。

运用创造性想象没有限制。一个人能调整思维，接入无限智慧，他就能找到问题的解，只要问题有解——不论这问题是什么。

发明家埃尔默·盖茨（Elmer R. Gates）要寻找创意时，就通过潜意识思维直接和无限智慧连通，他这样做的前提条件是目的很明确。还有马可尼（Marconi）发明无线通信技术、爱迪生发明留声机等。据我所知，留声机是爱迪生的一个发明创意，这创意就出自他的创造性想象。

在爱迪生之前，没有人记录、再现过声音，类似的事也从没有人做过。爱迪生几乎是瞬间有了这个创意。他从衣袋里拿出纸，画了一张草图，日后这张草图就成就了第一台爱迪生式录音机。机上面装有一个喇叭形的圆筒。做成样机后一试便成功了。你们看，爱迪生研制白炽灯泡时遭遇了一万多次失败。这回补偿法则又起作用了。

可见补偿法则是多么慷慨，多么公平公正。你在此处受了委屈，你在彼处得到补偿，该得的一样不少，此所谓"失之东隅，收之桑榆。"惩戒也是一样。若你在一个路口闯了红灯，甩掉了警察，下次被他抓住，一定治你两三条罪。

天地间的某个地方，有一个很厉害的警察和一台很厉害的机器。我们的所有品质，无论好坏，我们的一切失误和成功，他们都记录得特别详细，迟早他们会赶上我们说事。

创造性想象的成就

创造性想象还能让我们品评美国的生活方式。我们在富裕的国家里享受着自由，但是，若要持续享受，就要运用创造性想象。回过头看看是哪些品质特征让我们的国家如此伟大，我想有这么几个。

首先，为我们美国人的生活方式负责的一代代领导人，他们切实运用了成功学的 17 条原则，重点运用了以下 6 条。

那时候，他们并没有用下面的名词称呼这些原则，甚至可能都不知道自己在运用这些原则。（和我合作过的成功人士都有一个十分奇怪的特点：你让他正经讲一讲他为了成功采取了哪些步骤，没一个能讲得出来。这些原则，他们纯粹是撞上的。）

（1）目标明确；
（2）努力、努力再努力，服务、服务再服务；
（3）集智；
（4）创造性想象；
（5）实用信念；
（6）个人进取心。

美国生活方式的创造者们没有不劳而获，没按钟掐点规定工作时间。即便艰难，他们还是承担了全部领导责任。这一点也绝对适用于现今任何一个行业的成功人士。你会发现，他们都在运用此处列举的这几条原则。

回头看看过去 50 年的创造性想象，我们发现，如托马斯·爱迪生，凭借其创造性想象力和个人进取心，一举开创了伟大的电

第十四章
创造性想象与想象力

气时代,为人类提供了前所未有的动力源。开创电气时代的就是这个人,要不然,人类现在拥有的发明创造——雷达、电视、无电线等,便无从谈起。一个人做下一桩奇事,竟然影响了世界文明的走向!

福特先生发明汽车,也成就了诸多奇事!深山老林和城镇大街连在了一起,距离缩短了。公路一修,地价抬高了,直接或间接让几百万本来无业可就的人有了工作,他们可以从事与汽车贸易配套的业务。

再后来是威尔伯和奥维尔·莱特兄弟,他们发明了飞机,改变了人类出行的方式,为人类造福。

我和斯通先生讨论公司的运营和未来前景时,不约而同得出了结论:我们握有让这套哲学入世的天赐良机;伴随机会而来的还有忠实、持续地执行任务的责任,要彼此负责。这就是我们打算做的事——要献身于这一事业。

安德鲁·卡内基凭借创造性想象和进取心,开创了壮阔的钢铁时代,彻底改变了美国的工业体系,催生出众多缺了钢铁便不能生存的产业。卡内基不满足于积累个人财富,不满足于让诸多同僚跻身于富豪之列,晚年的他热切鼓励我把世界第一部个人成功的实用哲学整理出来,让最卑微者也能得到成功的秘诀。

卡内基凭借进取心和创造性想象,创造了文明史上一个人能创造的最多的工作岗位。他宣扬的成功哲学必将流传百世,造福无数后世的人。一个人借他人之力能够做成这样一件事,真是绝妙啊!

你稍稍分析这其中的经过便会发现，一个人和另一个人聚在一起形成智囊团，着手做某个具体事情的时候，竟会有奇迹发生。两个人按照集智原则齐心协力，没有什么不可能。

没有智囊，没有群策群力，即便我长命不死，也不可能创立这套哲学。我有幸结识卡内基先生这样的高人，受到了启发，树立了信念，具备信心和一往无前的精神，让我能够提升到他那个层次，不然我是不可能做到的。

能够利用这个叫作创造性想象的东西，通过它接入宇宙力量，这是多么奇妙的事啊！这不是故意舞文弄墨，我是在讲科学，因为我所说的这些都是切实可行的，而且正在做，你也能做。

回顾一下过去美国的生活方式，不妨简要总结一下那些具备创造性想象力和进取心的人给予我们的益处。首先，汽车彻底改变了我们的生活方式。你们当中有一部分人是在近几十年出生的，对马车时代的生活环境没有一点概念。那时候，走在路上是很安全的，而今，你要不是眼尖腿脚快，连过马路都成问题。汽车的出现，彻底改变了运输方式、做生意的方式。我敢说，如果明天早上政府宣布，都得把汽车交给政府，不准再用，大家一准会惊愕不已。今天你把人家的汽车给夺走了，立即会哗然一片：离开了汽车还怎么过啊！

再说飞机，速度快，世界因此变小了，各个国家的人民彼此之间有了更多的了解——飞机真是一个奇物啊！缩短了环球旅行的时间，世界小了，各国家、各民族的人不过一天一夜便可相聚，能彼此熟稔，最终结为友邻，结成兄弟，再不会像过去那样你打我、我打你，打成一团了。

第十四章
创造性想象与想象力

如果人类的同胞之情、手足之谊变成了现实，那正是因为有了人类想象力揭示出来的这些东西，将人们召唤在一起，为彼此了解、团结大行方便。正和你做生意的人，你怎能跟他干仗？与你相邻而居的人，你怎会跟他打架？至少你不会打了还能觉得气定心安。有些人是你非接触、非联系不可的，你可以试试离开他们会怎么样。

再说广播电视。世界各地有了新闻、消息，广播电视就传给我们，那边发生的事件这边瞬间即可接收到信息。广播电视无偿提供了最好的娱乐，山乡的木屋、城市的大厦都能看得到。这比林肯时代不知要进步多少，林肯当时是在一间小木屋里的木铲背上学会写字的。

我出生在田纳西州，那时候，田纳西和弗吉尼亚到处是崇山峻岭，最有名的是山景、玉米酒和响尾蛇。想想看，住在深山，动一动旋钮就能欣赏到最美的歌剧和音乐，实时了解世界正在发生什么事，这是不是一件奇事？

在我成长过程中，倘若有这些便利条件，我很怀疑我还会把成为第二个杰西·詹姆斯当作自己第一个明确的人生大目标，我很可能想当一名无线报务员。你看，这两样东西对山区的人、对全国乃至全世界的人影响有多大！而它们只是人的头脑产生了要让人们彼此了解这一想法的结果。

然后是电能开发，让我们迎来了按钮时代。以前由人工完成的各种劳动，现在可以用电进行。不知道这是好事还是坏事，但有一点可以确定：这是一个按钮时代。

长大后，我在美国开办了第一家汽车学校，亲自教过5000

多人开车。现在的孩子生来就会握着方向盘。

再说说雷达。有了它，我们能够提前觉察来自空中和海上的危险，肉眼看不见，雷达早早就看见了。你可以望远，看看有什么事发生，远到人眼根本无法看见。人类能把可视范围扩展得很大，远远大于肉眼的可视范围。雷达最终带来的是善还是恶，我不知道，但我知道，它很好地保护了这个国家，因为早在敌机飞临要重创的目标之前，我们就知道有敌机要来。

劳动的17条原则

各位不妨接受建议，运用一下想象力，看看能否在内心播种下几个价值百万美元的创意或者想法。重新走入潜意识，你在五年前、十年前乃至十五年前就有的一个想法就存在那里，因为那时你认为自己不可能有好的创意，只因为这创意是你想出来的，所以一无是处。现在，你把它拿出来，拂去灰尘，看看它是否仍然一无是处。

也许运用成功学的17条原则，我们可以把工商业界的劳动者遇到的一切劳资纠纷、罢工、停产和误解消除。17条原则就是为了让一切个人和一切人群平等受益。实现了这一点，就能为工商业带来更多利润，这样，所有劳动者就可能分享到工资以外的收益，这部分利润可能和分配给营运资本提供者的利润相当。

这种深厚的人际关系，只有靠工商业者的个人能动性和创造性想象来实现，他们要真心地期望把当前因矛盾、误解造成的浪费转化为红利。这就是起点。为了美国的生活方式，许多劳工领袖和产业领袖可以由此出发，让自己流芳百世。

我想多说一句：本班学员有一个绝好的机会，可以接触到某个比较突出的企业商业矛盾，可以运用这套哲学在处理劳资关系时一展身手，彻底消除矛盾。

我们在伊利诺伊州南部建立了一家这样的公司，目前运作顺畅，其主要业务是制造钢箱。我的两名优秀学员是负责人。他们组建了公司，一丝不苟地按照17条原则管理运营。我期望看到，有朝一日，任何一家劳务机构和任何一家企业商行签订的每一份劳务合同都包含一项条款，规定劳动者要按照17条原则履行职责。

我在很多地方这样做过，回报实在惊人。可我想不明白，其他企业家和劳工领袖们都干吗呢？对这样的机遇怎么就看不见呢？我倒不是真不明白，我知道其中的原因。劳工界的肥差太多了，有些劳工界大佬就是不愿改变原有的那套。他们那套跟我这套不合拍。他们不相信百尺竿头更进一步。这就是原因。

这个谬见早晚兜不住。劳工界的某位头面人物将来会主动过来联络我的，他要成为劳工界的主导者。他是谁无所谓，他一定能当上。威廉·格林（William Green）和约翰·刘易斯（John L. Lewis）闹翻后，我想让格林先生当头。我对他说，如果他按照我计划的步骤走，我保证把约翰·刘易斯从劳工界撵出去。我保证为了美国劳工联盟，和美国的所有企业、所有行业签约，我不向他收取任何费用。

格林先生给我发了个消息，让我去见他。我到了之后，他对我说："拿破仑啊，我是不是要给你道个歉啊？你的事迹我听过很多，不过，我想亲眼看看你长什么样。我得实话实说，你和我想象的不一样，之前我认为你肯定一副疯癫样。今天一见，你一点都不像个疯子嘛。咱们谈谈方案吧。我想你情愿自掏腰包来找我，我起码也得向你发个邀请吧。那方案是什么？"

我说："好吧，格林先生，我这就把方案讲给你听。我想把我从事的一部分工作向美国劳工联盟介绍。我想把我的这套哲学理念传授给他们，在全美各地开办学校，把这套哲学理念传授给美国劳工联盟的所有会员。"

"有哪些原则？什么哲学理念？说来听听。"

"好，"我说，"17条原则，第一条是目标明确。"

格林先生说："哦，有道理。"

"第二条是落实信念。"

"有道理。"

"第三条是热情。"

"嗯，往下说。"

"第四条是想象力。"

"这个没毛病。"

"第五条是多走一里，再接再厉。"

"什么意思？"他问。

"意思就是多服务，服好务，服务要质优量多，不止于给多少工资出多少活，要始终如一，做事的心态要友善，让人愉快。"

"我就知道这话里有话。"他说，"这就是我们的大棒。要是按那条路子走下去，我们就操持不了了，这个你很清楚。"

各位听一听，想一想，某位劳工领袖要弄明白如何遵照"多走一里、再接再厉"这个原则来运作，弄明白了之后，他就是大咖。他在顶层立行垂范，其他劳工领袖们就得跟着站队看齐，否则混不下去。

当工商企业和员工形成了良好的伙伴关系，他们会在一种友好的氛围里劳动工作，收入和利润就会实现更合理的分配。但是，在分配利润之前，一定得有更多的利润可供分配才行。动不动就撂挑子闹罢工，怎么可能赚取更多利润呢？

你要是认为这个主意不行，可以去马里兰州巴尔的摩市，跟我的学员查尔斯·麦考密克（Charles McCormick）谈一谈。看看他写的书，了解一下在他没采用这个方案的时候，利润是一个什么情况。采取之后，每年又是一个什么情况。我想你会信服实行企业利润人人有份，成效十分可观。

企业这样做，不需要付出什么成本，反而能赢得更多。这一招可以把人与人之间的一切争执、羁绊、憎恨和恼怒消除掉。我希望用我的哲学把这些消极因素尽数扫除，让我们生活的这个世界变得美好一些。

创造的机会

有一个创造的机会就是在俄亥俄河、密西西比河、密苏里河的几大干流上建设多个防洪坝，使河泥沉积，挖出的河泥可以广泛施用于三大流域的土壤，这样，既能让恶化的土壤迅速改良，又能防洪抗洪，一举两得。我这里有个想法，可能会给工程师以及致力水土保护的人士一些启发。当然，这种事要靠政府出钱。想想看，肥美的土壤顺着密西西比河、密苏里河还有其他众多河流流走了。大坝建成之后，沃土就会被截住，返归土地。

如果我知道，我的一部分所得税要用在这，各位信不信，等再缴税的时候，我绝不会像现在这样叽叽歪歪地发牢骚？我要是认定一部分钱是用来干坏事的，悄无声息地一点点害我们，那我肯定要在开所得税申报表的时候耍心眼、钻空子。密西西比河，就是"老人河"，水势越来越大，河面越来越宽，也越来越危险了。河水把土壤蕴藏的大量财富带进了大海。每年有数千万吨河泥，顺流而下，那可是肥沃的土壤啊。另外，密西西比河洪水不断，如果沿支流、干流在合适的地方建设一些水坝，洪水会很容易控制。

下面这个设想，我自以为得计。有人要是当了州长或者市长，就请采纳这个想法吧：建立一套市民交警系统，减少公路事故，降低机动车的保险费率。

我一上公路就特别希望自己是一个有权开罚单的警察。马马虎虎、什么都不在乎的司机要是知道前面或者后面站着的这位是一个警察，他们一定会认真点。

一个新成立的政党，党员全是一些对现有政党极为不满的人，这个党会怎么样？早晚有一天，会有某个精明的家伙，揣着个人抱负，带着创造性愿景，投身这个行列，这人一定不会是《芝加哥论坛报》的持有人麦考密克上校。（我听说，如果麦考密克上校支持了某个候选人，《论坛报》的所有员工都会把票投给该候选人的对手。）

可以研发一套治疗系统，能够在人睡觉的时候治疗小疾病及不良习惯，办法是应用留声机，直接向人的潜意识下达指令。这种机器已经问世了,很多医生和教育工作者正在试用。我自己就有一台。

拿破仑·希尔合作社准备为达成你期望达成的目标而创制记录。例如,在你睡着的时候,将你的贫困意识抹去,输入富足意识,或者把你可能有的缺点消除掉。

不久前,我要是讲这种话,你肯定要嘲笑我。现在,科技领域正在进行各种试验,证明只需要趁人熟睡时打开机器,处理一下潜意识,奇迹即刻发生。

我要是每天抽出一小时和某个人并肩而坐,引导他的潜意识,那么,他只要把心思放在某个目标上,就一定能达成那个目标。你抱定了目标,就能实现它。

不妨猜猜看,那一小时我要干些什么?我要一再跟你说我希望你做的事情,翻来覆去地说,直到你不再抵触?错了,我不会做这个。机器干这种事,效果一样好,还省心省力。大概十年前,我就提出了机器构想,自那以后,先后有六家公司试制这种机器。

你若是知道了这个系统的基本原理,就会理解有一个明确的大目标且不断重复该目标的重要意义,你要把它重复到潜意识不再抵触它,自己把自己催眠了,坚信你不仅知道想得到什么,而且一定会得到。

你当然可以借助自我暗示不断重复来做到这一点,只是比较麻烦。我想搞个什么东西,你睡觉时也能用。能省事就省省事,就利用那 8 小时睡眠时间。其实,要是能科学利用睡眠时间,你在睡梦中实现的成功比你清醒时大。这是事实,因为醒着的时候,意识思维在履职尽责,它是不会放任你去实现你那些很令人振奋的想法的。弄不成的原因很多很多，障碍太多，阻力太多，误信误念太多。凡是传递进来的东西，潜意识无不照单全收。你要是有方法只把你想得到、想实现的东西灌注进潜意识，不想要的东西全拒之门外，你想想看，你的生活会怎么样？

像现在这样，睡着了之后，任由潜意识去做无聊梦，它把一整夜时间浪费了，还拿噩梦等折腾你。潜意识也得有事干，所以，干脆就折腾折腾你吧。

听起来荒诞吗？一点都不荒诞，是真的。每每噩梦一场后醒来，你就知道自己的潜意识一直在四处游走，想搞点恶作剧。

我们还可以创立一个教育机制，培训人员担任公职，采取分级规则，凡是想担任公职的人必须逐级过关，而不是像现行制度，单凭投票就能上位。通常情况下，选民没有资格去判定一个人是不是有能耐担任公职。这个教育机制将专业开展高级岗位人员培训，如针对要当总统、国会议员、总统内阁、大使、外交官等的人员。有上进心和创造性想象力的教育工作者，有机会施展跟这个设想有关的才干。

如果某一天，某个受过良好正规教育的人会采纳这个创意，开办这样的学校，他一定会得到免费的广告宣传，比我现在所能提及的别的想法和创意所得到的免费宣传要多。现在需要这样的学校，从商业上讲也是有利可图的，学校为他施展才干提供了机会，换别的方向他找不到这样的机会。这是利国利民的好事，其意义不可估量。

我现在不打算做这个，因为我手上已经有一件大事。有些学员现在没抓住这个办学设想，可能几年后，它就变成拿破仑·希尔合作社下边的一个部门了。目前，我们向大家推广这套哲学理念，要制作录音带、影像，开设家庭研修课，出版书籍，开办类似这样的教员培训课程，所以，有好多事情要做。

婚姻学校

还有一所学校，一所教男婚女嫁的学校。当你的孩子们到了十几岁，就可以把他们送到一所不错的培训学校，教他们知道如何选择配偶，选定之后怎样和他或她相处，怎样经营家庭，如何勤俭持家，如何群策群力。这个主意不错吧？

这个主意你要不选，哪天我本人就选了，因为这是一件美事：一所学校，专做婚嫁培训，不是那种全靠碰运气的培训班。有这样一种思想存在：因为姑娘眼睛长得美，脚踝长得好看，戴帽子漂亮，所以娶她。终有一天，她的眼睛不那么美了，脚踝可能也变了形。如果你选择伴侣时有正确的态度，与伴侣生活时也有正确的态度，那她怎么样都是好看的，她永远是美丽的。

我说起卢安妮，常称她美。她会说："你言不由衷吧？"

我说："哎，卢安妮。我说的美既包括表面的美，也包括内在的美。记住啦，你在我眼里很美，永远都美。"我认为她外表是美的，内在也是美的——秀外慧中。

我这么说我老婆，有人可能会嘲笑我。不过一个人若是有某个令自己真正感觉骄傲自豪的东西，有一说一，有二说二，怎么就不能放开来念叨念叨，叫大家都知道呢？我对我老婆情意绵绵，不比对别人的老婆有意思强得多吗？也许，避免对别人老婆有意思的一个好办法，就是始终把关注点放在自己老婆身上。

我的另一个想法：开展土壤培育教育，给土壤撒播各种必要的矿物质，让产出的食物含有大自然赋予它的营养价值；规定农民们有责任培育土壤。这方面的工作已经做了很多，目前还在继续做。不过，对于商品粮生产者而言，这项工作必须是强制性的。

接下来，联邦政府从各州收走的一部分职能，会被人民要回，人民更加深刻地认识到明智投出选票的重要意义，现有的很多压力集团将被清除，因为它们只为少数人的利益服务。把持美国政府的压力集团已经成了一大危害。一定要有人出来消除它。

还有一个想法是制作有声电影，向居家的、在校的儿童传授成功学知识。你可以去图书馆看电视、听广播、看电影，修习课程。例如，关于目标确定性的课，用儿童能够理解的又感兴趣的话来讲课。试想这会对家庭带来什么样的影响，这个产品多棒啊。

我们想给学员们一个机会，去实现上述一些想法。不过，如果学员们不予考虑，我们有办法有手段自己去做。这些原则最终会体现在为居家的成人和儿童提供娱乐和教育上，这事为期不远了。也许，我要和罗伊·罗杰斯（Roy Rogers）、鲍勃·霍普（Bob Hope）竞争呢。

KFWB电台是洛杉矶的几大电台之一。你也许想知道，该电台不避寒暑，连续三年播出一档节目，节目的基本内容就是成功的17条原则。该节目牵动了KFWB电台的其他所有节目，收到的邮件总量比其他所有节目加一起还多。

电台的持有人是华纳兄弟公司。他们召开员工会议，用了整整一个下午来分析这档节目。他们先是仔细看了我做的几期节目，而后，把节目拿到职工大会上重播。一个员工问："这个叫拿破仑·希尔的家伙能在我们电台上 30 分钟广告，他主持的节目，听众都感兴趣，究竟凭什么？"他们把我的节目叫作广告，也可以这么说吧。不管怎样，听众们感兴趣。

星际交流

接下来谈谈星际交流。有了它，我们能穿越广袤的宇宙，跟别的世界的人们交流沟通。要是明天有人发布新闻说已经跟火星联系上，正在跟火星人交流呢，我一点都不感到奇怪。我肯定是第一批相信这个消息的人。我坚信，只要火星上有人生活，宇宙里的其他星球上有人生活，我们地球人就一定有机会和他们交流。等取得了联系，我们向他们学习、借鉴，弄明白在这个星球上人与人之间怎样才能更好地相处，更好地生活。到时候，人和人的关系不可能比现在还糟，很可能会转好。

这个宇宙的创造者不会闲着不动，而是一直在前进，时刻向人们揭示关于大利大益的思想理念，只要人们主动对它加以利用，那些利益便唾手可得。

我还有一个想法：公路要优化设计，大大减少因鲁莽驾驶造成的危害。雷达设备能够自动控制路障，路障处安排交警，拦截超速车辆。这个一定会有的，因为这么高的死亡率必须想办法加以控制。交通事故致伤致死人数一年比一年高，这样下去怎么能行！这样下去，我们还怎么称自己是文明的人！

15
第十五章

保持健康

拥有健康的身体，可以做自己想做的事，想什么时候做就什么时候做，这多好啊。这些年我做了很多事，要不是我有一套办法，保证自己身体健康、精力充沛，那些事我是完不成的。现在手头这么多事，若身体不好，我也做不了。

我要保持这种良好状态，有几个原因。首先，身体能够迅速积极地回应，我会活得更愉快。我要求身体释放出热情，那我就希望具备释放热情的生理基础。其次，我不希望早晨一起床就是一副病恹恹的样子。我不想抬眼看镜子，看见舌头上一层厚苔，不想一张嘴一股臭气。有很多方法可以避免出现上述状况。希望各位能从本课汲取一些建议，让自己的身体保持良好状态。

心态

心态居于榜首，没有健康意识，很可能就没有健康。

我从来不多想小病，我是不会想起它们，它们占用我的太多时间了，对我的心态影响太大。

你可能会问："有个头痛脑热，你怎么办？"等学完了本课，你就不像以前那样常闹小病小灾了。有一个避免患小病的方法，那就是心态。下列一些事项都是和调整心态有关的，看罢，你会觉得每一件事只要你想，都是自己能把控得了的。

对家庭内部、同事之间一定不能有怨气，有怨气会影响消化。你会说："家里人让我心里不舒服，让我有怨气。"那你就换个环境，这样你就没了抱怨窝气的缘由。

我之所以提到家庭关系，是因为除了工作关系之外，你生命的大部分时间是和家人一起度过的。你要是让矛盾、误解、争吵成了家庭关系的基调，你的身体还健康得了吗？心能放得下吗？一个人不管多么讨嫌，叫人憎恶，对他不要有仇恨。仇恨是人承受不起的，因为它损害健康。心头有恨，容易患胃溃疡，甚至更厉害的病；能形成消极心态，遭人反感，而不是让人亲近，这些你承受不起。仇恨招致报复。你恨人人，人人也恨你。人家嘴上可能不说，但一定恨你。

绝对不要扯闲话、造谣。这条规矩很难守得住，因为这个世界给人扯淡的素材太多了。很遗憾，要绝了你闲扯的乐趣。不过，可以把闲扯的欲望转化为对你有益的东西。不八卦，不诽谤，不然会招来报复，也妨碍消化。

一定不要畏惧。因为畏惧说明人际关系存在摩擦和矛盾，它也会伤及脾胃。另外，如果你性情里存在某种畏惧，说明你生活里有些东西需要改变一下。

我现在可以不折不扣地说：这个世界上没有让我惧怕的事——一样也没有。过去，我和普通人一样，别人害怕的，我也怕。好在我有一套办法，能克服惧怕。假如现在有什么让人害怕的事，我会自己搞定。不管费多少时间，用什么办法，我一定要把造成惧怕的东西消除掉。

我不能容忍性情里有畏惧。绝对不会容忍，因为畏惧对身体不好。你要是怕事，怕死——绝大多数情况下是怕死，你就发达不了，不可能幸福，不可能活得心安。

我本人是满怀着期待等待死亡来临的。死亡会是我一生中最不寻常的插曲之一。说白了，死是我要体验的最后一件事。当然，我在尽量把它往后推——我有工作要做，但是，那一时刻真的来到时，我会从容应对。死亡将是我做的最后一件事，也是最美好的事，因为我不惧怕死亡。

不要谈论疾病，因为谈着谈着，就会谈成疑病症——臆想自己有了病。很多医生就是靠治疗假想的疾病生活。

一定不要嫉妒，嫉妒说明缺乏自立能力，另外，嫉妒也伤脾胃。

较之其他因素，人的思维方式和健康的关系更为密切。混进血液的微生物、细菌，你了解的，你可以随便谈，但是，大自然早就在你身体里构建了一个诊断治疗系统，这个系统十分神奇。不管有没有细菌等微生物，只要这个系统运行正常，你体内的抵抗力自会搞定它们。

我很早就注意到，一些人到了 35 岁以后会携带结核病菌。其中有的人一辈子带着结核病菌，还有其他病菌，为什么不得肺结核呢？这是因为他们身体的抵抗力能够抑制病菌繁殖。一旦焦虑、恼怒、害怕，身体的抵抗力就会被破坏，细菌立即开始几十亿、几万亿地繁殖。你接下来知道的头一件事便是，自己真的病了。

饮食习惯

吃饭前要心安。吃饭时忌烦恼、忌争论、忌不愉快。一般家庭专挑吃饭时教训老公、教训老婆、教训孩子（视情况而定）。到了饭点了，你把家人叫到一起，他们也没有走开的意思，你在那里训斥他们。你要是能看见一个人一边受责罚一边吃饭，他的消化系统、血液会发生怎样的变化，你就会认识到选这个时间说事训人是不对的。吃东西的时候，心里想的事会融进食物里，化作能量，进入血液。

切勿过食。过食会给心、肺、肝、肾和排泄系统增加负担。大多数人吃进的东西比身体能运化的量多一倍。查查购物单，看看能省下多少钱吧，真不敢相信竟有那么多人贪吃过量。我说的是那些工作性质要求久坐的人。掘地挖沟的人当然要多吃点肉、土豆之类的高能量食物，但是整天坐办公室，待在商店、家里上班的人，糖多味浓的食物就没必要吃那么多了。

膳食一定要均衡，要吃水果、蔬菜，多喝水或喝果汁补充水分。我在加利福尼亚生活，有一个习惯：每天至少有一餐只吃生食，如蔬菜、浆果、坚果、各种瓜等没有加工过的新鲜食品。我在家里一直按照自己定好的饮食搭配吃，自感精力、体力非寻常人可比。

切勿吃得太快。吃得快便不能细嚼，说明心事太重，精神不放松、不舒心。一餐一饭应当做一次敬拜。用餐时，要想着所有你向往做的美事，想着人生大目标，想那些最令你欢喜愉悦的事物。

如果是和别人一起吃饭，边吃边谈，那谈话也应该是愉快的，不是说三道四、挑毛病。男生和美女同桌相对而坐的时候，为什么不说说她眼睛有多美，发型多漂亮，口红多艳丽，谈谈女生时常谈起来没完的事（如果你是她喜欢的类型的人的话）。即便是跟老婆对面而坐，不是也可以用这招令你和她的关系和和美美吗？一边吃，一边赞她美、夸她俏，跟她说今天早上的面包多好吃，咖啡多好喝。我只要坐到餐桌前吃饭，一定要对着摆上桌的饭菜夸卢安妮好，那是她做的。（偶尔我会给她搭把手，榨个橙汁什么的，但基本上都是她做。）我们俩把吃饭搞成了仪式。吃早餐吃两个小时，不是因为吃多了吃得慢，而是因为我们用餐有讲究。吃饭时，我家的两只小狗就卧在旁边，等着人招呼它们。一只跳到我腿上，另一只跳到她腿上，跟我和卢安妮传情达意。我们俩和狗狗们狗言狗语一会儿，很开心。狗狗高兴，我们也高兴，这对我们的健康有益。

我想，要是有些人知道我的生活方式，会认为我这人有点怪。怪也好，不怪也罢，反正我懂得怎样生活，这才是重要的，对吧？

两餐之间不要吃糖果、零食，软饮也别喝得太多。我知道，有些人会买几块糖、几包零食，外加一两瓶可口可乐，拿这个当午饭。人仗着年轻，照这个吃法，肠胃能扛得住一时，但是毕竟对肠胃不好，迟早老天会让你为虐待肠胃付出代价的。

我强烈推荐坐办公室的人弄一根莴苣，放点美味沙拉酱一起吃，要么找个水果摊，买点葡萄之类的吃一吃，这个比吃糖果好得多。

酗酒从来是禁忌，适量饮酒还说得过去。一杯鸡尾酒我能喝，两杯鸡尾酒也能喝，一次不过两杯，这就是我的限度。三杯我也能喝下，但喝下去之后，或许会说一些不该说的话，做一些对自己没好处的事。我要时刻保持头脑清醒，所以在喝酒上不放纵自己。

多喝几杯酒胃里翻腾，脑袋发热，自己不是自己了，那是一什么感觉？你想遮盖，不想让别人知道你的底细，结果一喝多，底全露了，这不是犯傻吗？你不觉得贪杯管不住嘴，自己丢人现眼吗？

我不主张事事拘谨、一本正经。例如，我走进别人家（我经常去别人家里做客），人家家里正开鸡尾酒会，我不会说："哦，我不喝那玩意儿，那东西我不碰。"我会取一杯鸡尾酒，如果不想喝，我就随处端着，端它一晚上。有时候，当晚我要讲话，我就把酒倒进水槽里，这样，大家以为我喝了。讲话之前，自己灌酒，灌了个不亦乐乎，岂不是蠢货？

酒和烟，跟其他东西一样，要适量，如果是你吃了它，而不是它吃了你，我觉得还将就着能接受，不过，彻底戒了最好。

各位看，我让所有人都满意了吧？我跟有些人说过，我觉得饮酒不是好事，又跟另一些人说过，我觉得喝酒不错。我现在要改一下，让各位各取所需，各取所爱。反正大家要那么做，我干脆帮大家做得更轻松些。

必要的话，吃点维生素片，补补膳食所缺的营养，不过，一定要遵照医嘱或者懂维生素的人的建议服用，不要直接去药店说：

"您给我找个一劳永逸的品牌,把该补的全补上。"这是胡扯,没有哪种维生素能把你身体所缺的营养全补上。我屋里放了一排维生素瓶子,一样有一样的功效。

休闲娱乐

人需要娱乐来保持健康,所以工作和娱乐要兼顾,使两者平衡。这不是说,工作和娱乐要等时等量,那样做也行不通。我工作 1 小时,可以腾出 5 分钟娱乐犒劳自己一下。你可能想到了,我是一个励志作家。我写作的时候,精神高度紧张,和平常完全不是一个状态。写作对身体素质要求很高,我只能承受 40 分钟,写完了就去弹钢琴,弹琴 5~10 分钟,这样可以缓解一下紧张,而后回去再写 40 分钟。

我不会弹钢琴,但我可以用钢琴制造噪声。只有一位喜欢我摆弄钢琴,就是我那只博美犬"闪闪"。当我弹琴时,它走进来,坐在琴凳边,抬头看着我,仿佛在说:"您好,帕德鲁夫斯基先生。"它以为我真在弹钢琴呢,真是一个好乖乖。

再就是睡觉,有时间的话,每天 24 小时中睡上 8 小时。睡得好是一个好习惯。不要翻来覆去,也不要吵吵嚷嚷,躺下来就安安静静地睡。自己与自己融洽,不违良心,与周围融洽,心无牵挂,无虑无忧。头一挨着老枕头,便能酣然入梦。

要自我训练,不要为无法补救的事而烦恼。为能够补救的事烦恼已经很不好了。只要花时间就能补救的事,我不会为之烦心。前段时间,有个学员问我:"那么多人带着问题来找您,您不觉得心烦吗？"我回答："对我自己的问题我还不心烦呢，干吗为别人的问题心烦？"

不是我冷漠，我一点不冷漠。不管朋友还是学员，只要有问题，我会变得很敏感，也很重视。但是，没有敏感到把他们的问题变成我自己的问题。你的问题还是你的，我会尽我所能帮你解决，但不至于全部代劳。这不是我的处世方式，劝各位也不要养成这种习惯。很多人不光为自己的问题忧心，还为亲戚、朋友、邻居的问题忧心，甚至为国家大事忧心。

我的工作我认真干，就好像是整个世界都由我重整河山。即使这个问题解决不了，我也算尽了力。这一点任何人都能做到，不要在意别人对你抱什么期望。忧烦焦虑留给别人好了，别留给自己。别自寻烦恼，烦恼自有办法很快找到你的。

现在，生活有一种奇异方式把你要找的东西呈现给你，例如，你要找别人身上的缺点，找麻烦，找烦恼的事，你总会找得到，还不必费多大周折。要找烦心事，足不出户便能找到一堆。

希望

健康激发希望，希望促进健康。一个人不抱希望会迷失方向。我说的希望是指生活中某个尚未实现的目标，是你正在努力追求、努力做的事。你知道自己在做，你不必因为做得不够快而忧虑。

这个世界有很多人在发财致富的路上奔忙。他们想赚大钱，急不可耐。因为赚钱赚得不够快，就紧张焦虑，弄得自己一腔恼怒。有时候，这种赚钱快的欲望会让人走歪路，取之不义，那就不好了。

每天祈祷，酝酿希望。每天以这样那样的形式祈祷，说你自己的话可以，什么话都不说也行，只在自己心里想。不要为多赐福多受恩惠祈祷，要为已经拥有的福分祈祷。

接下来为能够主动作为的权利祈祷，为有一份当前稳定的工作祈祷。战争的危险现在没有，以后可能会有，但现在是没有。

还要为自己有机会按照个人才干获得经济自由感恩，为身心健康无碍感恩，向未来的时光表达感谢。我生命中最丰富多彩的时光，最丰硕的成就还在今后，我还年轻。在职业领域里，我现在已经上了幼儿园，以后还要上小学，要把工作干出色。我现在比过去更会利用时间了。

这场战争结束了，下一场战争还没临头，世界有希望美好起来。各位可以践行这套人生哲学，先是你自己的生活，再就是你周围人的生活，为让这个世界变得美好尽一分力。你能够让你的世界变得美好。于此没有两条道路可循。

切勿滥用药物

勿滥用药物，勿固守恶习。按医嘱服药没有问题，只是不要用药用成习惯。应先把阿司匹林、止头痛片扔掉。头痛是大自然在警告你有问题，需要纠正。头痛什么也不是，就是大自然告诉你某个地方出毛病了，你得赶快行动，处理一下。

你知道吗？疼痛是大自然的一切创造中最神奇的现象，是地球上每一种活物都能理解的语言。疼痛上身的时候，每一种动物都会有所动作，因为那是一种警告。

而且，什么时候都不要服泻药。服泻药是一个恶习。记住，药瓶里吃不出健康，健康源于清新的空气和健康的食物、思想和生活习惯，所有这些都是一个人能够把握的。

注意体重。体胖也许心宽，但是胖子早亡是一个值得警惕现象。我不希望看到你们年龄不大便不在世间了。

禁食

我身体奇好，精力充沛，没病没灾，你想知道我的一大秘诀吗？因为我每年做两次禁食，一次10天。那10天里，不吃一点食物。起始两日我先吃水果、喝果汁，调理身体，除了生鲜东西吃进肚子，其他一概不吃。而后，我为禁食喝水，只喝白开水，撑着肚子喝，能喝多少就喝多少。我会在水里加点调味剂或柠檬汁什么的，只滴上几滴，让水的味道不至于太寡淡就行，你们可能不知道，禁食的时候，水的滋味特别寡淡。等到禁食结束后，头两天我吃点特别清淡的食物。禁食结束后的第一天，喝一小碗汤，不带一滴油，再吃一片全麦面包。

大家现在不要听我这么一说，就开始禁食。

你先了解一下怎么禁食，为什么要禁食，听听医生或者有禁食经验的人跟你讲一讲，然后再开始禁食。我是1928年得了流感后，才开始学禁食的。我是在伯纳尔·麦克法登（Bernarr MacFadden）那儿学的。流感都过去了，我还是被它缠着不放。每隔两星期，有时还不到两星期，我就会感冒一次。我把这个情况跟伯纳尔说了，他问："怎么不彻底治好呢？"我说："怎么个治法？"他说："可以饿死它。"他给我讲其中的道理，说我要是不给感冒提供吃的，它肯定得完蛋。他还说，我要彻底清理身体，让流感病毒无法存活。

果然，流感完了，我没再复发过。从那以后，一直到今年，我才有了点类似于感冒的症状。每年禁食两次，让我没得这类小疾病。

你第一次禁食，会有一种你这一辈子也不会再有的最为奇妙的精神体验。你会记得穿小裤衩时经历的事情。我是记得的。我记得小时候穿着小裤衩在院子里玩耍时，和我母亲有一段对话。那是一个温暖的夏日，她出来问了我几个问题，我做了回答。她问了什么，我答了什么，如在耳畔。我小时候经历的事还有很多，也都想起来了。换句话说，我的整个记忆系统被调动起来了。

即使禁食之前心里有事、焦虑，我也不会这边禁食，那边揣着它们，因为随着禁食，烦恼就烟消云散。另外，你能战胜自己的胃，你能完全控制你的胃，等到你破了斋，很多事情都不在话下。

健康劳动

说说劳动。劳动是一种福分。天空中的鸟、丛林里的野兽，既不纺纱织布，也不播种收割，它们必须劳动才能吃到东西。

我们应当怀着崇敬之心从事劳动，把劳动当作仪式。如果把劳动看成为他人提供有用的服务，而不是从中捞取好处，劳动就会十分美好。想想那些你平日做事就等于为之提供帮助的人们。

你所从事的劳动是你热爱的，你是因为爱一个人才为他做某件事，你不会觉得这事很难。这事对你有益，你会得到报偿。

我这套哲学认为，多出一分力，多下一些功夫是上上之举。它让你感觉良好（对自己好，对邻人也好），它让你在健康世界里立得更稳。

劳动应当立足于愿望，这个愿望就是在生活中实现某个明确的大目标。故此，劳动是自愿行为，是追求乐趣，不是沉重的负担。

要怀着感恩之情劳动，感谢劳动为健康添福、为生活添财、为家人添利。

信念

要学会和无限智慧交流，学会适应自然规律。因为自然规律就在身边，随处可见。这是我知道的最高妙的疗愈方法之一。它是一个人经久不衰的信念之源，对人的身体能够产生奇妙的影响。要是不巧生了病，我认为没有比这更好的药了。

相信自己能治愈自己。如果我的身体出现了毛病，我相信自己能够走出去，住走沙漠，脱得赤裸裸的，在那里锻炼。有天赐的阳光和尘土，我能把搅扰我身体的玩意全赶走。我相信自己能做到。

习惯

在宇宙习惯力的作用下,一切习惯经久不变,自动执行,迫使每一种生物先接受一部分环境影响,继而成为环境影响的组成部分。(我会在下一课详细谈谈宇宙习惯力。)人可以将思维习惯和身体习惯固化,宇宙习惯力会把它们全盘接收并逐一执行。深刻认识这个法则,你就会明白为什么疑病症患者一说身体不好就兴奋。先有健康意识才能有健康的身体,你在前文中可以把赋予你这类意识的因素做个简要总结。人没有健康意识,就不会健康。

第十六章

宇宙习惯力

我们今天这堂课的内容十分有趣。在我看来，这堂课是这17课里最深奥的一课。你们有谁正好研究爱默生，读过他的文章《补偿》（Compensation），就会很快把握本课内容，抓住核心精髓，多多受益。

我读爱默生的文章读了十来年，尤其在读了这篇谈补偿的文章之后，终于理解了他谈的是什么。我曾说过，有朝一日，我要把这篇文章改写一遍，好让大家一读即明白。本课就是改写此文。

我们把它叫作宇宙习惯力法则，因为它掌控着宇宙间的一切自然法则。我们有许多自然法则，不言而喻，它们是在自动发挥作用，不会为某个人暂停片刻。自然法则既已确定，那些把认识、适应自然法则当作自己本分的个体，就能在生活中走得很远，不了解、不适应自然法则的人就会失败。

习惯常常令人费解：人怎么会有习惯？习惯是如何养成的？自己不喜欢的习惯怎样摆脱？我希望，各位能在这一章里找到这几个问题的答案。

我一再说过，人有一样东西能掌控，也只能掌控一样东西，那就是养成个人习惯的特权——破除一些习惯，代之以别的习惯，完善习惯，改变习惯，按习惯做想做的事。人享有这种特殊权利，人也是地球上唯一享有该特权的物种。其他所有事物，一旦有了生命，便有了生活模式和既定的命运，它无法脱离这种模式。我们称之为"本能"。

人不受本能的束缚，只受其头脑的想象力和意志力的局限。人可以把意志力、思想，投射到他追求的任何目标上。为了实现自己的目标，他可以养成他需要养成的习惯。这一章要讨论的就是这个问题。

你可能一直在研修成功学，成功学就是要让人养成习惯，实现生活幸福、身体健康、内心平静。

自然法则

本课将简要探讨一条已经确定的自然法则，该法则让一切除人类之外的习惯都永久存在。对一个人而言，永久的习惯是根本不存在的，因为人能养成自己的习惯，能随意改变习惯。你可以用它设定自己的思维模式，引导它去达成你选择的目标。

有些模式就是宇宙习惯力固定下来的，停不下，也避不开。它们和恒星、行星有关系。想想宇宙中有数千万、数十亿、数万亿颗行星和恒星，有条不紊，各行其道，从不碰撞，是不是奇哉妙哉？这个系统如此精准，天文学家可以提前数百年确定某某恒星和某某行星的关系。

假如上天不得不每夜挂出群星，俯察一切，那它一定忙碌得很。现在好了，它用不着那么干了。它有了一套良好的系统，会自动运行。

我想象，上天是很聪明的，它可以将这个系统调理停当，让其始终自动运作，不论在一个宇宙，还是在多个宇宙，都自动运作。这个系统对所有人一样，有利或者不利，它都运行如常。你要是认识到那些规律，就可以主动适应它们，从中受益。不了解它们，就会因无知或疏忽，吃它们的苦头。

大多数人虽没认识到有宇宙习惯力法则，但却运用这一奇妙的法则生活了一辈子。为什么？求得幸福、健康、成功和心安吗？

非也。他们招来的是贫困、疾病、挫败、恐惧以及所有人们不想要的东西，因为他们老把心思放在这些东西上。宇宙习惯力会承袭这种思想习惯，让它们恒久不变。也就是说，如果我不用成功学思想把这些习惯破除掉、拆解掉，习惯会一成不变。

我和斯通先生的办公室曾有一位魅力迷人的女士，她想按照人的出生日期编写一本书，打算在书里给我和斯通先生留个地方，她想知道我在哪年哪天出生。

斯通先生没顺着她，对她说："弄出个学说，写本书，愣是说一个人的生辰跟他一生的际遇有关系，我是不会沾这类东西的。"说完，他又补了一句，"我代表不了拿破仑·希尔，这是我的决定。"

"哦，"我说："斯通先生，我要说的，你刚才都说了。"

你是顶着哪颗星宿出生的，我不管；你人生中遇到了什么不利不爽，我也不论；你过去经历了什么，我也不在意。我确切地知道，我可以引领你，你照我的话去做，就能走出现在的境地，去你想去的地方，而且，可以轻松到达。我相信你能养成习惯，轻松实现成功，到时候，你一定会想，过去自己为什么那么辛苦忙碌，还活得不如意？多数人把辛苦操劳多用到了生活落魄上，而我是多用到了成功上——多数人辛苦操劳的程度还远在我之上。等你掌握了规律之后，成功要容易很多。一路成功的喜悦当然非一路落魄可比。

不了解宇宙习惯的力量，不着手培养好习惯，引领你朝着自己向往的境界走，你肯定是成功不了的。这中间不存在"如果""还有""也许""但是"。一定要养成习惯，习惯会领着你往想去的方向奔。

一年四季，循环往复。土壤长出的一切生命在成长，种瓜得瓜，种豆得豆。每一粒种子分毫不差地长成了自己种类的模样，没有变异，小到肉眼看不见的纤毛虫，大到人类，每一种生命都是这样。

严格地讲，我刚才说的并不正确。环境不同，气候条件不同，位置不同，肯定会变异。例如，我曾在佛罗里达生活过一段时间，跟着一帮雅士出去打兔子。在北方，我见惯了一身灰毛的兔子，而佛罗里达的兔子则是一身黑毛，我以为是猫。同去的雅士都在拿枪打兔子，我一只没打，因为我认定它们是猫。

习惯也可见于物质的化学反应，从极微小的电子、质子到极硕大的天体，如恒星。一切物质运动和反应，都源自宇宙习惯力固化了的习惯。

宇宙习惯力自动地把个人的思维习惯固定下来，使之经久不变。不管你愿不愿意，这些思维习惯都会被自动固定下来。你的思想意识也会固化为习惯。你要是把注意力放在你想让其成为习惯的事物上，倒是无须为此费心，宇宙习惯力自会把事情揽过去。

一个人一再把思想专注在某个问题上，就会形成思维模式。宇宙习惯力让这种模式保持恒久不变，但个人意志可以打破它们。

克服吸烟习惯

每每看到现在的吸烟人数，看到报纸杂志上谈吸烟致癌，死亡率很高的报道，我就想，能否改掉吸烟的习惯呢？

你要非吸烟不可，想得肺癌，那是你的事，我无话可说。不过，我还是想让你尝点甜头，知道戒掉的好处。你要是明天早上还不能开始戒烟，证明自己的意志力强过一撮烟丝、一片薄纸，我建议你即刻在意志力方面多下点功夫，好好修理修理它。

至于我本人，不管什么习惯都能立即戒掉。我当初要戒烟，就放下烟斗。我跟卢安妮说，把烟斗拿走扔了，我以后用不着了。

她说："烟斗我先收好，等你再要时拿出来。"

我说："把它们全扔了，我以后不用了。"

你连吸烟习惯都把控不了，还谈什么把控畏惧习惯、贫穷习惯，如果还有别的什么让你费神顾虑的习惯，那岂不是更难吗？

临阵迎敌时，我总是先挑块头最大的家伙一决高下。我把它消灭，剩下的全都作鸟兽散，夹尾巴逃走。你有一些习惯想戒掉，不要先从容易戒掉的小习惯开始，那个谁都能做到，要挑自己想改的大习惯下手。

一包烟抽了一半，你带它回家，把它放在梳妆台上，说："听着，伙计，你可能不知道，我比你厉害。烟，我再也不碰了，我会证明给你看。我要让你在这儿待 40 天。过后，我就再不需要烟了。"

我不是挖苦卷烟行业。我只是给各位一点建议，你可以按照这个建议去做，检验一下习惯的养成能力，从很难养成的习惯开始，养成自己想要的习惯。

因生活所迫我们有了各种各样的习惯，如果被这些习惯控制住，听凭它们支配生活，那我们在世上岂有出头之日、成功之时？我们是不可能指望成功的。一定要让个人习惯长久固定，直到宇宙习惯力自行接纳它们。

身体健康

现在，我们谈谈个人如何在身体健康方面运用宇宙习惯力法则的问题。

个人可以通过确立 4 种习惯模式来维护身体健康。这个做起来并不是很难。你要想验证一下宇宙习惯力法则确实存在，而且有效，由维护健康入手去体会是一个很好的途径。这个世界上，无论男女，能够有一个强健的身体去应对生活中的各种事情，还有什么可追求的呢？我还真想不起来。

假如我不自知，例如，我一脚踩下油门，动力就源源不断来了，那我怎么能做我现在做的工作？如何能写出激励人心的著作？又如何能发表激励人心的演讲？不管坡度有多大，路途有多长，我知道自己有充沛的力量走完全程，因为，我一直让身体保持在充满力量的状态。

首先，你想的是起始点，一个运用宇宙习惯力来打造健康体魄的起始点。积极思维形成一种健康意识。意识就是对身体状况的持续注意。健康意识是头脑的一种主导趋向，你的头脑要思考健康，而不是琢磨疾患。

很多人说起自己动手术的经历时眉飞色舞，兴致很高。大概6个月前，有个好朋友过来看我。他刚从医院出来不久。讲起动手术的情形，讲得绘声绘色，听得我就感觉是外科大夫拿着手术刀在我脊背里剜似的。终于，我不禁转过身，抚摸了一下我的背。他描述的那个部位开始作痛，弄得我好不容易才算定住了神。

他走的时候，我没邀请他再来。大部分人是不爱听你谈自己害了什么病的，对你的病状没什么兴趣，你也别自作多情，自说自话，除非想打发人家走人。治病的妙法就是养成一种健康意识，往健康方向想，从健康角度谈。

建议每天照十二遍镜子，边照边说"你是一个健康男人""你是一个健康女人"，心里说就行。你一准会为以后出现的情况感到惊讶。翻一翻药匣子，把瓶瓶罐罐全找出来，什么阿司匹林、泻药，全拿出来倒进水槽里。你说："从现在开始，我要吸入新鲜的空气，锻炼良好的心态和饮食要健康，绝不从药瓶药罐里找健康。"

积极的心态最后形成健康意识。宇宙习惯力常按这一思维模式得出合乎逻辑的结论，不过，它很容易把由疑病症思维习惯形成的不健康意识表现出来。如果一个人因为畏惧形成了对某一疾病的思维习惯，宇宙习惯力就能生成该疾病的生理病征和心理病征。

你琢磨某种疾患久了，大自然就会在你的肌体内模拟出此病来。我在弗吉尼亚州的怀斯县认识一个山区老妇。那时我还是一个小孩子，这老太太每个星期六下午都来我姥姥家做客。她常坐在门廊里，跟我们讲她怎么动了手术，她老头子怎么动了手术，老头子是因什么病死的，她母亲是因什么病死的，四个子女中的两个是因什么病死的，一讲一个下午，三四个钟头。讲完了，她总是来这么一句收尾："我将来死，肯定是得癌症死。"说罢，两手按在左胸上。

我耳闻目睹，她讲这事讲了十几遍。那时候，我还不知道癌症是什么，后来我知道了。多年后，我父亲寄来一份县级报纸，我看到老妇因左乳房患癌去世的消息。她生生把她说得患了癌症。

这个事例没有半点夸张。我是碰巧知道的。你能把自己说得头痛，能把自己说得害胃病。你要是放任自己整天为身体上的小毛病费神苦思，就会把自己所得所想真变成病。

正确饮食

吃的过程中和吃后的两三个小时内（食物分解成液态，营养进入血液）的心态及思维模式，可能影响食物是否以维护身体健康的合适形态进入身体。

人受了惊扰或者太过疲乏时，便吃不下饭。这时候，就要坐下来、休息、放松。进食，应当是一种活动，一场仪式。我早上起床后，第一件事就是去厨房，榨一大杯可口的橙汁，而后走到可以眺望的地方，看鹿下山喝水。（至少我在家时是这样。）我说："祝福橙汁。伙计们，看啊，你的兄弟姐妹们来了。这些个小兄弟小姐妹要进入我的血液，为我提神，助我一把力，让我享受早餐。"我说这个增强仪式感。橙汁喝进肚里，我由衷地敬拜每一口橙汁。我不是举杯倒灌，一气儿喝完，而是一点点地喝，深情敬拜每一口。

你可别觉得我是在开玩笑，因为我跟你说的话很重要。你要是养成了祝福食物的习惯，不只是坐在餐桌前祝福它，吃进肚里时也祝福它，那么这食物一定会十分有利于你维护健康。

把工作当仪式

每个人的身体都有一个维修工。在一个人从事体力活动时，它默默无闻地维护身体的每个细胞。说到工作，有两种心态可以作为这位维修工必不可缺的伙伴。工作也应该是一种仪式，既然是仪式，当然只有积极正向的思想融入其中。

文明社会的一个矛盾是，在这个世界上任何时候，从事自己热爱的工作的人都是极少数。也就是说，极少数人做他们想做的事，是因为想做，而不仅仅是为了吃饭。我本人一直抱着希望，一直在祈愿，在我去另一个世界之前，一定要为这样一个目标做出有价值的贡献，那就是每个人都能找到自己热爱的劳动方式，并以此谋生，自食其力。我也一直希望并且祈愿，各位当中有以后要和我成为同道、当教员的人,期待有朝一日你们可以为实现这个目标做出宝贵的贡献。

要不是有这样一些人生活在这个世界上,这世界该有多么美好啊!这些人怎么了?没怎么,只是因为他们的习惯有问题,思维有问题,我的人生使命——还有与我有关联的各位的使命——就是帮助改造人的思想,让他们养成一套良好的习惯。让他们思考健康、富足、团结、情谊,而不是挑起人与人之间的争斗,族与族之间的争斗,动辄就想打仗,而不是合作。

要不是有些人光想着多捞多得,这个世界提供的东西是充裕的,不仅够人用,也够飞禽走兽用。老实讲,凡是其他所有人不能都有的好处和能力,我是不想要的。我本人不希望比别人优越。我只希望有机会把我的知识传递给他人,把我的本领教给他们,帮他们自立自为。

大家很熟悉梅奥兄弟吧?梅奥兄弟认为,要保持身体健康,必须注意四个要素,这四个要素极其关键:一是工作,二是娱乐,三是爱心,四是崇敬。要借助思想习惯,平等兼顾四者。这个结论出自著名的梅奥研究所,梅奥兄弟的诊室曾经接待了无数人。他们注意到,这四个方面未能兼顾的,身体几乎无可避免地会患上某种疾病。

关于为何多付出一分努力,有一种合理解释。有了这付出多一分努力的习惯,你不仅经济上受益,还能带着一种有利于身体健康的精神状态去工作。当你做某件事是出于一种热爱,是出于一种帮助他人的渴望时,这件事就会为你的健康带来裨益。当然,它还能带来其他一些好处,因为你给了他人实在的帮助,实际也是让他们欠下了你的人情债。如果很多人受了你的帮助，欠了你的人情，那么，当你求到他们时，他们便不好意思拒绝，也无心拒绝。

相反，当一个人习惯性地怀着一种消极心态工作，事事都勉强而为，没人愿意跟他一起共事，也没人想雇用他。有他在，弄得一群人不舒服。安德鲁·卡内基先生曾对我说过，一个一万人的组织机构，只要有一个人思想消极，两三天内他就能败坏所有人的心态，他甚至连话都没说一句，只是把情绪带出来，就能弄成这个样子。

我去某人家中，只要走进前院，就知道我要不要进这家门。当然，进去之后，我就更知道要不要进了。

我再怎么对你讲，也没有一次家庭经历更能说明这一点。人们第一次走进我们家，几乎一成不变的是先环顾四周，露出赞许的表情。不久前，一个出版商来找我，一进客厅便赞道："哦，多美好的一个家啊！"然后又转头看看，说道，"家是普普通通的家，没什么特别的地方。我在这儿的感觉很美好。这儿氛围很好。"

我说："对头，你的感觉是正解。"这个家不断注入正能量，不允许出现不和谐。我前边说过，连我家的那几只博美小狗都明白这一点。它们应和了家里的氛围。谁和家里的气氛不对，它们能察觉出来。它们跑到来人跟前，嗅一嗅，感觉这人跟家里的氛围合拍，就吻他的手；如果不称意，感觉来人跟家里氛围不合，它们就朝他叫，然后走开。

家庭、营业场所、街道、城市各有各的氛围，这氛围是由在那里出入、工作的人的主导思想构成的。你沿着纽约第五大街走,那里到处是蒂芙尼(Tiffany)式的故事,你能找到那群人的感觉,不管你兜里有钱没钱,你也会觉得自己很阔绰。你只要走四个街区,走到第八大街或第九大街,走进地狱厨房(Hell's Kitchen)那一带,我敢说即使世界上所有的钱都归你所有,用不着走完一个街区,你就会觉得自己穷得叮当响,犹如教堂的老鼠,为什么?因为那一带住的人穷困不堪。他们想的是穷困,活在穷困肮脏的环境里,穷困是整个片区的主调。

你可以把我眼蒙上,带我去那儿,我能告诉你,咱们什么时候到了第五大街,什么时候到了第八、第九大街。那种氛围,很容易感觉得到,就像亲眼所见。

经济和财务利益

现在我们来看一看,利用宇宙习惯力能在经济方面有什么收获。一个人可以把自己希望维持的财务状态的具体设想交给宇宙习惯力。这个设想会被一种自然铁律自动接收并且执行,得到合乎逻辑的结果。对自然法则而言,现实即是现实,无所谓失败。

我注意过,大凡是成功的人都不断思考自己能做的事,从不在做不了的事情上费神。我问过一位成功人士有没有想做但不能做的事,他回答说:"对于我做不了的事我不考虑,我只考虑我能做的事。"

很多人不是这样。他们为自己做不了的事费心、焦虑,结果还是做不了。他们为手头没有钱费神、焦虑,结果呢,没钱还是没钱,到底还是没钱。

钱这东西很奇怪。不知何故，你不相信自己有获得钱的权利，钱就是不跟着你走。钱是无生命的，所以，我认为这不是钱的问题，这是人的思想问题，因为你怀疑自己能否挣到钱。

我注意到一个现象：每当我的学员们开始相信自己能做事情的时候，他们的财务状况就会有所改变。我还注意到，当他们认定自己做不成事的时候，他们还真的就做不成事。

这套哲学的全部目的就是引导学员养成习惯，要相信自己，相信自己有能力指引头脑实现个人想要的一切，让思想抛开自己不想要的东西。

有一个事实值得重视：只有先树立致富发达的意识，才能实现财务独立，就像必须先树立健康意识，才有可能保持身体健康一样。

研究心理学的都知道，饱受贫困之苦的人揣着贫困意识，有些人从小到大，一辈子揣着贫困意识。我记得很清楚，我跟安德鲁·卡内基一起创业时遇到了一个极大的困难，这个困难就是忘记我出生在一个贫寒、文盲、无知的环境里。我费了很长时间才忘却我就出生在弗吉尼亚州怀斯县的小山岭。第一次采访一位显赫人物时，我心想："在他面前，我很卑微。我会感到羞惭、害怕。"因为我记得我来自哪里，记得我曾经很穷。我能脱贫，得等到猴年马月。不过最后我做到了，将贫穷忘在一边，开始往富足里想。我对自己说："安德森先生为什么不愿意见我，是因为在我的心里，我跟他一般高、一般齐吗？"我不仅有那感觉，还亲眼见证了让感觉成真的那一天。

这套哲学已经传开，并且在全世界各地传播。它会传得更快、更远、更深入。我要说，这个成就足以和安德森先生、瓦纳梅克先生、卡内基先生等人的成就相提并论。你能够伸出援手，为世界各地数百万人民的生活带去有益的影响，这就是成就。假如当初拿破仑·希尔不改变习惯和思想，就不可能取得这样的成就。

我最主要的工作不是去会见要员大亨，请他们合作，那个简单。我最主要的工作是改变拿破仑·希尔的思维习惯。要不是改变了习惯，我写的书就不会产生后来产生的影响。但是，在动笔写书之前，我得把我的思维流程来一次彻底改造，学会自动把思想专注在积极事物上。

畏惧固执与信念固执

医生最怕固执的患者。病人因为担心医生治不好病，吓破了胆，精神空泛、抑郁，这时候，他便有了固执。医生非常清楚，病人不配合，他再怎么治也不会有效果。医生开什么药我不管，但他一定要有那种念力。

我们每个人来到世上，都自带了一套神奇的自愈修复系统，这套系统就像个化学家，把吃进的食物分解并分发配送。如果你思想端正，饮食合理，运动适度，生活从容，身体里的这位医生就会自动把其他所有的事情都操办了。人们称它是"肌体抵抗力"。这是大自然赋予你的一套机制，由它来调理你身体始终保持良好状态所需要的一切，不过，你也得主动而为。你摄取的食物，长自土壤。如果不含生命必需的养分，大自然便无法摄取那种食物，给你一个健康的肌体。于是，我们有了维生素。

固执未必都是消极的，不过，各位要当心畏惧和自我束缚这类固执，认定有些事自己做不了，害怕批评，畏惧这个，畏惧那个。

你想利用宇宙习惯力法则带来的固执和好处吗？那就好好下一番功夫，解决应用信念的固执问题。人是怎样对某个事物形成固执的呢？靠重复，凡是你所做、所思、所说的，无不用到它。有些人到了一定年龄，可以记住这句话——"日子渐长，生活渐好"。念叨这句话的人不可胜数。若不是第一个讲这话的人笃信这句话，这话怎么可能变成口头禅呢？他说这句话时，这句话包含在他的语流中，包含在他的意念里。很多人把这话讲了一遍又一遍，但是撂到一旁，没入心。这句话对他们不起作用，因为他们一开始就不信。各位懂得为什么了吧？只要思维方式是积极的、正向的，加上不断重复，用哪句话其实无所谓。

负能量可以转化，变成有益于自己和自己接触的人的东西。这些年宇宙习惯力一直在消磨我，改变我的思维，所以现在，我只要打个响指，就能从一种状态变到另一种状态。你也能做到。我想要各位做的就是达到这个境界。希望你养成从积极角度思考事物的习惯，直到宇宙习惯力占据心灵，让积极心态成为绝对的主导。

生活的状况使得消极思想在多数人的思想中占主导。我希望大家来一个彻底改变，始终保持积极心态。无论你想得到什么、实现什么，你都能为自己加油充电，从无限智慧中获得灵感、启发。

在你生气愤怒的时候——无论有多少理由该生气、该愤怒，无限智慧帮不到你。它不会为你做什么，不过，如果你心态消极，一时不能自拔，它会让你自己对自己做点什么。

一个人心态消极时，想要行动不能行动，想与人交往却不能交往。避免这种心态的最好方法就是养成积极正向的习惯，让宇宙习惯力管理它们，让积极、正向成为思维主导。

有一些消极的东西，应避免其变成固执，如贫穷、疑病、懒惰等。各位知道什么样的人是懒人吗？是没有找到自己喜爱的工作的人。没错，没找到自己喜欢干的事的人就是懒人，除此之外，没有懒人。有些人你很难叫他们高兴起来，他们如此这般走过一生，总是有理：这个不喜欢，那个没兴趣。总之，啥都不如意。

还有一些不良习惯要戒除，如嫉妒、贪婪、愤怒、仇恨、不诚实、浑浑噩噩、得过且过、烦躁、虚荣、傲慢、玩世不恭、害人之心。这些消极的东西会在大多数人的生活中变成固执，而这类固执是你承受不起的，因为代价太大了。

积极的东西，各位能承受得起。你若不要它们，倒是承受不起了。一定要有一个大的人生目标，想方设法让这个目标变成一种固执。吃也念叨着它，睡也念叨着它，喝也念叨着它，直至把它灌输进你的潜意识。生命的每一天，全心投入去做事，都要朝着这个大目标前进。积极正向的东西还包括信念、个人的主动性、热情、百尺竿头更进一步的精神、想象力、令人愉悦的性格特点、精确思考，以及这套个人成功哲学推荐的其他优良品性。

这些才是各位能承受得起并将它们变成固执、让其成为思想主导的东西。靠它们生活，靠它们思考，靠它们行动，靠它们与人交往。实践之后，个人生活会迅速改变，你会为之感到惊讶。你会惊奇地发现，想伤害你的人会纷纷退避，无能为力，成不了气候；你会惊讶地发现，新的机会不请自来；你会惊讶地发现，自己解决问题迅速而果断。你会有些纳闷，自己没有为问题焦虑，而是从容不迫地把它们搞定了。所有这一切其实都是源自上述那些积极正向的因素形成了固执。

你会发现，通过反复思考，上述的每一个积极正向的因素都在你掌握之中。你要做的就是这个。只要一遍遍不断重复，思考之后付诸行动——言而无行，必是空言，一定要实际去做。

那么，像律师、工程师这类专业人士，怎样做才能让顾客盈门，既能与自己处得愉快，又毫不犹豫地付钱呢？

效果始于专业人士自身。专业人士对待客户的心态，决定了客户对他的态度。这一点没有例外，千真万确。从商者是这样，从事任何职业的男士、女士也都是这样。

换句话说，你想改变别人，要先改变自己，而后再说改变别人。把自己的心态摆正了，而后你会发现，别人也会跟着摆正心态。这一点，别人是无能为力的。只要你的心态正向积极，心态消极的人便影响不了你。心态消极的人从来都是听命于心态积极的人。

社会遗传与生理遗传

我们之所以是现在这个样子，是两种遗传导致的结果。一种遗传我们可以完全掌控，另一种我们无法掌控。生理遗传决定了

第十六章
宇宙习惯力

我们携带着所有祖先的全部特征来到这个世界。碰巧天生有一个好脑瓜，体健貌端，那当然幸运啊！可是，不巧生下来就是弯腰驼背，有疾病，那也无能为力。换句话说，生理遗传决定了一个人生下来什么样就是什么样。

当然，人可以经过漫长的时间适应病残的身体。譬如，查尔斯·斯坦梅茨（Charles P. Steinmetz）天生脊柱弯曲，但他接受、适应了残疾，最终成为人中龙凤。换作他人，很可能拿残疾作为借口，最终落得蹲坐街头。我前边提到过，我知道一个因小儿麻痹致残的人，他就在离白宫两个街区的某个地方卖铅笔。而在白宫里，另一个和他一样因小儿麻痹致残的人，正在操办国事，他把苦难化为财富，而不是把苦难当作障碍。

社会遗传和生理遗传不同。社会遗传是指在人出生之后——甚至也许还包括未出生阶段，一切影响其生活的因素。

人的所听、所见、所学、所读，包括影响了人的神话传说，都属于社会遗传。迄今为止，一个人的全部人生所经历的最重要的事，都是源于他和社会遗传的关系，或者说，都是源于他从其所在环境中获得的东西，源于他能够在多大程度上控制环境。

建议大家回头，重新审视一下自认为相信的东西，搞清楚凭什么相信，我们的信念从何而来，信念靠什么支撑。我敢说，我的信念里还没有哪一条缺少扎实可靠的证据支撑，或者说，缺少我自认为是证据的东西支撑。

该投选票了，我要好好想想谁最胜任，谁最诚恳、最有能力。1928年，阿尔·史密斯（Al Smith）竞选总统。我虽然不是天主教徒，但把票投给了他，因为我感觉他会干得很出色。我有我的规则是，一个人信什么教无所谓，只要他是好人，他愿意做公职，我就愿意支持他。

  这种宽容心，我也不是一夜练就的。我可以跟各位讲讲经过。有一段时间，我也是不怎么宽容人的，后来我发现，不宽容人不是一件好事。遵照宇宙习惯力法则，我最终养成了一套习惯，有了这套习惯，我自信对这个世界上任何人、任何事都不抱无稽的偏见。

第十七章

规划时间和钱

最后一课要讲讲如何规划时间和钱，虽不像前边有些课那么富有诗意，但重要性一点也不少。你想在这个世界上拥有经济保障，起码要做好两件事。一是必须规划好时间，二是必须规划好用钱，也就是收与支，这样，你才有明确的计划可以遵行。

规划时间

先说时间。把一天24小时分成3段，每段8小时：8小时睡觉，8小时工作，8小时休闲娱乐。

睡觉那8小时是没办法掌控的，得顺应自然，该睡就睡。工作那8小时，你也不大可能有很多自主权。剩余的8小时才是你的，你想浪费就可以浪费。可以玩，可以工作，可以尽情享受，可以放松，可以学一门课程给自己充电，还可以读书，总之想做什么就做什么。

第十七章
规划时间和钱

一天 24 小时就这 8 小时蕴藏的机会最大。我以前做研究，虽然每天工作 16 小时，但是乐在其中，无怨无悔。我每天留 8 小时睡觉，其余 16 小时都是在工作。有一段时间，为了谋生，我做推销员培训，不过大部分时间都花在了研究上，我想把这套哲学理念贡献给世人。当年，要不是每天有最少 8 小时的自由时间，我怎么可能去做研究呢？

还有一件事发生在我事业生涯的早期，是一件很走运的事。我在西弗吉尼亚州的莫农加黑拉河上修了一座桥。这笔生意让我挣了很多钱，够我一家老小吃一辈子。直到今天，我吃穿用度不愁，所以从那天一直到现在，我再没有干挣钱养家的事。当年我急需休息的时候，命运之手伸了过来，让我早早地休息个痛快。

反正，这 8 小时的自由时间，你要愿意就可以培养所有这些习惯。在这 8 小时的任何时间你做什么都可以，但无论如何，要制订一个计划来调理心绪，让心态始终正向积极。没必要按我的计划走，你学了贯彻信念、宇宙习惯力和集智的课程，你肯定会有一些绝妙的想法。

当然，我的计划是什么，各位是知道的。这计划涉及我的 8 个举旗引路的朋友，他们为我工作。也许你想学的完全是另一种技巧。所以，制订自己的计划，如果它比我给你的好，那就按你的计划执行。但是，一定要有个计划，确保每天 8 小时空闲至少能抽出一部分时间，专门调理心绪，让它变得正向积极。遇到逆境险阻时，你能应付得了。

规划收支

清单上的第一件事就是：把每月或者每周的收入金额记录在预算账簿里。收入分布应该是这样的——

首先，购买占收入一定比例的人寿保险，一般不超过总收入的 10%。不管你有没有家室，人寿保险都是必需的。你把孩子带到世界上，他的教育你要管，不为自己投保怎么行？只有投了保，才能保证在你失业，不挣钱了，你的孩子们有足够的钱接受教育。你娶了老婆，全指望你养活她，万一你离开人世了，你不投保，让她去哪里弄钱再婚再嫁？

每次我坐飞机回加利福尼亚前，我都要去找一台保险销售机，买一份人寿险，能买多大就买多大，一般是 50 000 美元。另外，我还要再买一份意外保险。一旦你脱离了社会生产，人寿保险会为你提供坚实的保护。

一个人从商，服务类项目占资产的很大一部分，他就应该投一大笔钱买保险，以备自己万一被淘汰，有足够多的钱挺过难关。

人寿保险排在榜首。衣、食、住的份额排第二。不要只顾着出去乱花钱。你要是无章可循，无法无度，跑到杂货店买东西，会比实际需要多花 4 倍的钱。具体到我个人，我会买我喜欢的东西，不过，我是凑巧有这个条件，不再需要考虑吃穿花多少钱的问题。过去，我也曾有过必须考虑吃穿花钱问题的时候。依我看，大多数人的生活还是需要有个预算的。

接下来，要留出一定数量的钱用于投资，即使数目很小，一星期留下 5 毛、1 块也可以。留出这钱不是为了让你攒下个数量，而是为了让你形成开源节流的习惯。节约不浪费，甚善。

　　德国人的节俭令我十分钦佩。他们处处节俭，就是不浪费。凡是不浪费的人，如我的爷爷，我都很佩服。记得他老人家常常走到哪捡到哪，捡旧钉子，捡绳头，捡废金属。他收集的东西之丰富，你要是见了，一准会惊讶。

　　我从来没节俭到这份上。不过，请各位相信我，我早就知道，这类哲学学得再多，你要是连个节省一点儿的习惯都没有，学跟没学一个样。如果不养成节约的习惯，过你手的钱一点也留不住。对大多数人来说，省钱攒钱是很困难的，因为他们没有省钱攒钱的习惯。

　　等你把衣食住的开支算好了，不论剩下多少，最好都存成活期支票或者活期储蓄，一以备不时之需，二供娱乐、教育使用。这钱你可以任意支取，不必按预算来。换句话说，这就是零钱账，你要是真的很节俭，账上攒的钱也会相当可观。银行里有一大笔积蓄，不管发生什么事情，你去了就能把钱拿出来，不亦乐乎！或许你不需要它，但是，如果没这笔钱，请相信我，你会有千种需要。这些需求都会让你发怵的。

　　我敢直言不讳，我行我素，要求别人照我的意思做，我能这么硬气，也许就是因为我用不着再为从哪儿弄钱发愁了。有时候，有些人想让我发愁，不过，就像一位东方哲人所言，"鼠捋猫须，终入猫腹"——欲害人，终害己。

　　有了上述机制，经你手的钱，都能留下一小部分。我看重的不是那点钱，我看重的是逐渐养成节约、储蓄的习惯。如果收入太低，开销减不了，你只要能从每一美元里抠出一分钱，就把这一分钱拿出来，放到你够不着的地方藏好。

把钱投到信托投资基金，我深以为然。信托投资基金代理了很多知名的股票。一只股票不行了，不会影响你的投资。现在，投资信托基金很多，有些行，有些不太行。你要是把钱投到投资信托基金，就去找你的银行经理或者有资质的人咨询一下，切勿按自己的判断去投资。一般来说，个人是做不了这个的。

要拿一部分钱为你出力办事，当你知道自己每个月或每个星期都留下一点钱，知道这笔钱能派上用场的时候，你一定会觉得惊奇：这一招太妙了。

我总是去银行取出一张 20 美元的钞票，然后放在钱包里的一个特殊位置，以防万一。如果有一天，我正好需要用它，钱就在手边，即刻取用。

分析个人习惯

做个自我分析，切实弄清楚在处理对你而言很重要的事情时，你有哪些习惯。可以给自己打个分，最低分是 0，最高分是 100。

首先是选择职业。你打算花多少时间选择职业？你花了多少时间来适应有可能成为毕生所爱的工作、职业或者专业？如果你尚未找到毕生所爱的工作、职业或者专业，那就应该多花些时间寻找，找到为止。

再说思维习惯。你花多少时间想那些可以办到的事，又花多少时间想那些办不到的事？换句话说，你在自己期望的事和不期望的事上投入了多少时间？在生活中不期望有的状况，例如，在疾病、沮丧、气馁上花了多少时间？我敢说，如果你有一只秒表，把每天费神思虑的时间记录下来，你会很惊讶的。你最先知道的就是，大部分时间都花在了考虑自己并不想要的东西上。

要有一个预算规划机制。有了它，思想会集中在个人所向往的东西。我每天抽出3小时去冥想和默祷。不管什么时候回家，我一定抽出3小时去冥想，为我极其幸运地成为助人之人表达感谢。夜深没做，我会在白天抽时间做。

这个世界最好的祈祷不是为期望祈祷，而是为你已拥有的祈祷："上帝，我不要更多的财富，我要更多的智慧来更好地利用我已经有的财富。"

你家财万贯，身体健康，生活在一片乐土，四周有佳邻，属于优秀阶层，正在修习一种绝学。相信自己拥有的一切，内心要常怀感念。

想一想，我不禁要感念的那些事。我富有，不足为奇。为何？如果不富有，那一定是我有问题。如果我不能站在这里对你们说，我想要的我都有了，那一定是我有问题，这套成功绝学有问题。我都不能现身说法，我还有什么资格把这套东西教给各位？要是有人能把我从我的办公室撵出来，将我的这套哲学拿走，改头换面为其所用，说明我就不配拥有它。我之所以能够掌握自己的命运，主导自己的灵魂，是因为我相信这套哲学，这套哲学就是用于帮助人的，在任何情况下，我都不会做有意妨碍人、伤害人的事。

说到你与他人的私交，我想问两个问题：你在和同业或者同行的人交往时，有多少时间是用在好心善意上？是否花一些时间跟人磨合交朋友？如果不是，你就不会有朋友。俗话说，人走茶凉，离久情疏。朋友再怎么好，你不保持联络，他便把你忘了。一定得保持联系。

接下来是健康的习惯，一是身体习惯，二是精神习惯。你花多少时间去养成习惯，形成健康意识？你不下功夫，健康意识不会自觉前来。

再就是怎样利用业余时间。这个问题你还真要正儿八经地想一想，认认真真地掐指头算一算。那8小时的业余时间，我用了多少去提高兴趣，修炼思维，从交往中获得益处？

再接着，就是预算怎么花钱。

你有没有这套机制？如果没有，就做一套出来。可以把这套机制做得灵活一些。

按我在本课中所列的条目，你用多少时间学习精确思考？是否只是读了读本课的内容？将本课内容付诸实践，做精确思考，做一次独立思考，你又下了多少功夫呢？

再接着就是思维力的运用问题。你的思想是你在掌控吗？还是你的所有思想都不受控制？你是让生活环境来掌控你吗？还是在设法创建某些你能掌控的环境？你不可能掌控所有的环境，谁也做不到。但是，你肯定能够打造一些你能控制的环境。

那么，投票权呢？你是这样说"我不参加投票。反正是骗子当权，把持国政，我这一小票也起不了什么作用"，还是说"我有一份责任。我一定去投票，因为这是我的义务"？你花时间投票了吗？好多人不这么做，所以才让那么多奸佞政客粉墨登场，待在不该待的地方。因为太多的人不参与投票。有时候一想起这事，我就感到自责自惭。我不是在找借口，我的意思是我要和大家一起受罪挨罚。

再就是家庭关系：你的家庭和谐吗？

你有智囊吗？还是白白放着智囊不用？你用多少时间构建、改善家庭关系？家庭关系是必须搞好的。家庭中有人得让步，妻子不愿意让步，你当丈夫的为什么不让步？反过来也一样。如果丈夫不让步，那你就来点合纵连横。你为什么不让步？为何不把事情弄得让他喜欢？你是先让他喜欢，而后才嫁给他的吧？我肯定你是这么做的。

你的婚姻幸福吗？为什么不尝试重来一次，再造良缘，拥有美好的家庭关系呢？这样做必定有报偿。这报偿可以是心静如水，可以是金钞银币，可以是友情，可以是各种交往。

你做业务、搞研究，是不是在加倍努力，你喜欢你的工作吗？如果不喜欢，就弄清楚为什么不喜欢。

你要是加倍努力，又加倍努力到什么份上？在哪方面加倍努力？加倍努力的时候是本着恰当的态度吗？我不问你是谁，在做什么。不论你遇到谁，你都把多付出努力当作本分，那你肯定会交到一大帮朋友，等你想通过他们办什么事情的时候，他们一定会随叫随到。

卢安妮对待生活比我还要认真一些。她做了很多她并不喜欢的事。我不会这么干，不想做的事我就不做。现在，我和她的境况很好，身体都很健康。在生活的大剧院里，卢安妮就是那个跟我演对手戏的女人，她配我正合适。这个世界上，我们能用到的或者需要的一切，我们都有了。如果没有，我们只要打个响指，所需要的东西就会从四面八方涌来，源源不断。

你可千万别以为我们得到这些东西是走了旁门左道，其实我们不配。这些东西都是我们挣的，否则怎会为我们所有？这个世界就是这样，你不挣，就不配拥有，也拿不到。

至此，大师课就结束了。这不是一个短期培训，且牢记一点：要想得到别人的合作，要想交到朋友，你自己得先有个能成为别人朋友的样子。